物质世界的本质是什么？

一读就懂的量子物理与高能物理

钱思进　向知大师课团队　编著

湖南科学技术出版社·长沙

献给科学精神，

引领我们追寻物质世界的本质；

献给未来的我们，

在好奇心和探知欲的道路上前行永不止步。

编者序
物质世界的本质是什么？

　　这本书基于一部通识课程教案整理而成，重点介绍了人类探索物质世界本质的认识历程，是一次从无穷小的粒子到无穷大的宇宙的探索旅程。本书不仅讲述了从几千年前古希腊的原子论到当今粒子物理标准模型的发展历程，还介绍了科学家和发明家们在这一探索过程中所创造的一些造福人类的科学技术应用。正如化学、材料科学、核能、计算机、互联网技术给人类社会发展带来的巨大推动作用，围绕核聚变技术的研究，未来甚至可能彻底解决人类的能源问题。

　　本书是继笔者的前一部译作《1 小时粒子物理简史》[1] 之后的扩展之作。那本书主要讲述了 2012 年 7 月欧洲核子中心（CERN）发现希格斯玻色子这一标志性事件。粒子物理学正是人类认识物质世界本质的最新物理学分支。

　　现在，回顾人类几千年来探索物质世界本质的历程，并把其中的曲折故事汇总成这本书，也是希望能为感兴趣的读者提供启迪。期待通过此书，使更多公众对基础科学及相关领域给予更积极的理解与支持，推动我们在探索物质世界本质的道路上不断前进，取得更多成果。

在此，笔者摘录了《1小时粒子物理简史》中《译者序》的第一段，希望这段文字能像编写课程的初衷一样，带给读者启发。

2012年7月4日，科学界和物理界发生了一件不同寻常的事：欧洲核子中心（CERN）举办了一次科学报告会，紧接着是一次新闻发布会，向世界公布了人们期待已久的疑似希格斯玻色子的发现。这一发现被公认为是物理学界近50年来最重要的发现之一，2012年底被权威国际期刊《科学》遴选为当年世界上十项最重大科学发现之首。在其后几个月里，在CERN工作的数千名物理学家继续努力，于2013年初利用数倍于2012年7月前积累的数据，最终确认了该粒子就是1964年由数名理论物理学家提出的希格斯玻色子。从而在当年10月8日，2013年的诺贝尔物理学奖颁发给了比利时的恩格勒（Englert）教授和英国的希格斯（Higgs）教授。此项诺贝尔奖使我们这些直接参与发现希格斯玻色子的物理工作者们感慨万千，我情不自禁地在我的博客里写道：

本周一晚上，2013年诺贝尔物理学奖颁发给了恩格勒（Englert）和希格斯（Higgs）两位教授，这和我过去近20年（将近我的30年物理生涯的三分之二）的工作密切相关。我们的团队（CMS国际合作组）与ATLAS国际合作组一起于去年7月发现的希格斯玻色子，是世界上几十个国家的几千位物理学家齐心合力共同奋斗了几十年的结果。虽然我们几千人中没有一个人获奖，但如果没有我们的发现，也就没有这次颁发给希格斯教授等人的诺贝尔物理奖的事件。这是世界物理学界 50 年来最重大的科学发现之一，我们为能有机会直接参与到这项重要工作的艰苦进程中深感无比的幸运和感慨万千。

如诺贝尔委员会的颁奖词所述，2012 年 7 月 CERN 的大型强子对撞机（LHC）上"ATLAS 和 CMS 两个研究团队（每个团队由 3000 多名科学家组成）成功地从数十亿次的质子对撞中检测出希格斯粒子"，从而验证了恩格勒、希格斯和其他物理学家 48 年前构造出来的基本粒子理论。

希格斯和恩格勒教授获得了今年的诺贝尔物理奖，是对我们过去几十年的努力和成果的认可。但这只是一个新的开始，后面的路更长、更艰苦。人类对未知世界的好奇将驱使我们在探索未知世界的道路上永远奋勇前行。

这部《物质世界的本质是什么？一读就懂的量子物理与高能物理》，从课程策划到编辑出版，历时六年多，克服了许多前所未有的困难，现在终于可以与读者见面了。在此，我们发自内心地感谢湖南贝湾教育科技有限公司和湖南科学技术出版社的领导与同事们，特别是陈琳、祝晓曦、许艳、钱筱筱和视频制作人员苏文豪、黄定强、刘正明、周敏琪、谢柳、唐夏、高原、李涣元、邓芳、唐伶俐、李雯燕、袁方文、朱佳琪、崔颢、杨炀、梁维维、谢琪娟、田楚平，以及书中的动画插图制作人员等（排名不分先后）的大力支持。

从项目策划开始，他们搜集了大量历史与物理学资料，辛勤录制视频，直至编辑成书（包括很多动画插图的绘制），付出了数不清的艰辛。如果没有大家的同心协力，绝对无法在今天给读者呈现这样一部作品。我们也由衷地感谢湖南科学技术出版社的李文瑶、梁蕾、宋天亮等各位编辑以及本书的美术设计对本书出版所付出的辛勤劳动。

我们也特别感谢斯泰拉和杰若德·提艾尔夫妇。他们作为非物理学家，怀着对本书的特殊兴趣，仔细通读了初版。斯泰拉夫人是笔者40多年前读研究生时的校友，1981年到美国攻读学位。她长期在生物医药领域工作，曾在乔治顿大学和斯坦福大学学习和做研究工作，曾经担任过旧金山湾区华人生物科技协会会长。虽然我们分别了已约40年，但当他们得知我们正在编著此书后，热情地阅读了此书的初稿，从一个非物理专业读者的角度诚恳地提出一些修改建议（包括建议增添一些通俗易懂的插图等）。对此，我们由衷地表示感谢。

最后，我们还想衷心感谢我们的家人。有了家人们的相互照顾、支持和鼓励，才帮助我们渡过了那些艰难时刻。家人们在各自繁忙的工作、学习或养育幼童之余，仍然一直支持我们参与本书的编著。对此，我们深怀感激。

这本书是大家齐心协力、反复修改的结果，希望能得到对"物质世界的本质"感到好奇的读者们的喜爱。如果有读者注意到书中可能存在的需要更正或修改的地方，并愿意通过电子邮件发到 lumi@lumibayedu.com 和 sijin.qian@cern.ch ，我们将非常感谢，一定争取以适当的方式加以修正。

北京大学物理学院 钱思进
向知大师课团队
2025年2月

目　录

第 1 章
原子的前世今生

075

第2章
核物理的研究与应用

167

第 3 章
粒子物理前沿

第

1

章

原子的前世今生

第1节
从无穷大的宇宙到无穷小的微观世界

首先，我们来讨论关于这个世界最基本的问题：物质世界的本质到底是什么？这个问题乍一听似乎有些高深，好像和物理学没有太多的关系，但实际上，这是人类最早思考的重大问题之一，和物理学的起源与发展息息相关。

我们来做一个练习：你觉得以下各种东西的"真实"程度是多少？把它们从最真实到最不真实进行排序，你会怎么排？

◯ 1. 手机

◯ 2. 相对论

◯ 3. 梦境

◯ 4. 爱情

◯ 5. 病毒

◯ 6. 原子

◯ 7. 灵魂

◯ 8. 小说的人物

◯ 9. 黑洞

这个练习可以让你对自己所理解的"物质世界的本质是什么"做一个初步的梳理。有些人可能会把"物质"的东西排得靠前（比如原子、手机），另一些人则会把"非物质"的东西排得靠前（比如灵魂、梦境、爱情）。

而这正是古往今来的哲学家、思想家、科学家争论的问题：到底什么才是最真实的存在呢？有的人认为，世界是自然存在的，由最基本的物质元素构成。也有人认为，世界只是神灵创造的，只有神才是真实存在的。还有一些人甚至认为世界根本就是不存在的，就像电影《黑客帝国》中那样，人生只是一个虚拟的幻境，我们就像是电脑里模拟的程序一样（当然，这会带来另外一些问题：电脑是谁创造的？电脑是真实的存在吗？）。

这里有两种回答的依据：一种是用科学来回答（即世界是物质的），对于科学家而言，最实在的就是那些可测量的和可用实验证实的东西；另一种是用非理性的事物来回答（如：世界是精神的 / 意志的），包括神灵或者某种非物质的观念。

那么，人们对世界的认识到底是从哪来的呢？实际上，我们绝大部分的认识都是基于某种信念。在人类历史的绝大多数时间里，人们相信的真实存在和今天我们相信的东西有很大区别，比如，关于"物质世界的本质是什么"，直到 300 多年前，主流的回答还是"上帝""真主安拉"或者"道"之类的。这个问题不仅在历史上引发了无数的争论，还有些人甚至为此献出了生命[2,3]。

今天，我们大部分人相信世界就是物质的世界，就是科学家所描述的样子，但是你怎么能确定世界就是科学家描述的那样呢？毕竟，普通人很难有机会亲眼看到一个原子或者一个病毒。再比如，虽然我们从小就知道地球围绕太阳转，但是也不太容易给出地球围绕太阳转的直接证据。这些小学课本中的知识其实很多人还不能真正理解，而当代物理学家正在用更加复杂精深的理论去描述更深层次的真实存在了。这些理论通过高深的数学进行描述，当然，从普通人的角度，就像看天书一样。

例如，粒子物理的标准模型提出自然界有 12 种基础的物质颗粒，它们分为 6 种轻子和 6 种夸克，构成世间的万物。这一理论的公式被刻在欧洲核子研究中心的（CERN）一块石头上（图 1-1-1）。

大家看看这个公式，是不是满脑子都是问号呢？就算不看公式，你能想象我们这个如此大的世界、无穷无尽的宇宙（图 1-1-2），其实就是由这 12 种看不见也摸不着的粒子构成的吗？

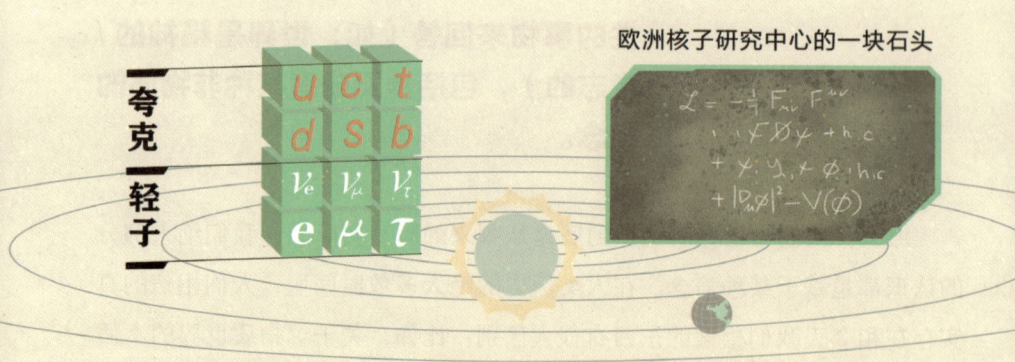

图 1-1-1 （左）粒子物理标准模型（的核心部分）
及（右）其理论公式（刻印在 CERN 的一块石头上）。
（资料来源：CERN）

宇宙

银河系

太阳系

图 1-1-2 我们的物质世界。
（资料来源：Pixabay 和 Unsplash）

　　另一种理论假说甚至更进一步，提出这些粒子是由很多更小的线状或环状的"弦"组成的，这些"弦"里面藏有一些更高维度的空间——这就是著名的"超弦理论"。对于粒子，大家还可以想象，它们是一种很小很小的"东西"，那么"弦"又是怎么回事呢？现在脑子里的问号是不是更多了？

　　在每一个时代，那些看起来似乎理所当然的对物质世界的认识，在以前时代的人们看起来其实就和天方夜谭一样。人们的认识不断发展变化，也许今天我们看不懂的理论会成为下一个时代人们的共识。然而，古往今来，人类始终不变的问题都是一个：真实物质世界的本质到底是什么？

为什么这个问题如此重要呢？实际上，对这个问题的思考，帮助人类走上物种的巅峰，从几百万年前的一种猿类逐步成为地球的霸主，甚至走出地球对宇宙进行探索。

家里养的猫或狗肯定不会去关注"本质"的问题，它们看到罐头里的食物就会高兴地食用，顶多会想一下：还能从哪儿再找到这些好吃的？而完全不会想：这些食物是由什么构成的？为什么我饿了就想吃东西？这背后有什么道理？

哪怕是一个小孩都会对生活中的现象提出问题，尝试思考现象背后的"本质"。比如：看到飞机在天上飞，我们知道这只是一种表面的运动，而想要弄清楚产生这样的运动的原因——飞机是怎么飞起来的？我们看到天空和彩虹，会想到：为什么天空是蓝色的？为什么彩虹又是彩色的？这背后有什么规律吗？人们会假设存在一种"现象背后的实在"，这种可能看不见的实在可以用来解释可见的规律。

这种对更深层次的东西、对本质思考的能力，是其他动物所不具备的。

物理学就是人类为了解释"物质世界是什么"而发展起来的一门自然科学。物理学研究物质和能量的本质与性质，由于物质与能量是所有科学研究必须涉及的基本要素，所以物理学是自然科学中最基础的学科之一。物理学涵盖广泛的自然现象，无论是微乎其微的基本粒子，还是庞大的宇宙，都是它的研究对象。物理学对整个科学的发展有着深远的影响，物理学的许多定律也构成了其他自然科学学科的理论基础。对于物理学而言，世界是物质的，实在的东西就是物质的全部，这是物理学研究对世界本质认识的一个基本前提。

实际上，整个西方科学的传统都源于古希腊的哲学思想，物理学也不例外，它起源于"自然哲学"，古希腊的"自然"一词指的并不是一个特殊的存在领域（比如我们很多人理解的大自然、森林、大海），而更多是指一种"本质"和"根据"。自然哲学也就是研究物质世界本质的哲学，其实就是研究"什么是最基本的"这一问题[4]。

比如，经典物理学中牛顿（Isaac Newton，1643—1727 年）关于"万有引力"的论述著作是《自然哲学的数学原理》，而道尔顿（John Dalton，1766—1844 年）作为近代原子论的提出者，他的著作是《化学哲学的新体系》，英国皇家学会（英国最高的科学学术机构）的会刊是《皇家学会哲学学报》。

"科学"这个日常用语，其实从 19 世纪才开始在英语世界中被广泛使用[5,6]。工

泰勒斯提出"世界的本质是水"。

业革命之后，随着自然哲学（关于物质世界本质的哲学）的专业化发展，出现了更加专业的学科，这些学科也就从哲学母体中被剥离出来，成为现在的物理、化学、生物、天文、地质等。

那么，构成物质世界的本质到底是什么呢？古希腊哲学家泰勒斯（Thales，约公元前624—前547年）认为，世界的本质是"水"。现代物理学的研究给出了一个非常精炼的微观粒子层次的标准模型，用12种基础的基本粒子来解释物质世界的本质。本书将介绍人们对物质世界本质的认识和研究的发展过程，主要涉及高能物理以及核物理的一些基本内容，简单提及"原子论"的发展，详细介绍原子结构及粒子物理的标准模型，并解释人们如何利用这些物理知识认识和改变世界。

最后，本书会带大家探秘笔者职业生涯中的主要工作地点——CERN（欧洲核子研究中心，简称"欧洲核子中心"），位于瑞士日内瓦附近的瑞法边界处），展示物理研究的前沿机构是如何运作的，成千上万位来自几十个国家的物理学家又是如何齐心协力艰苦奋斗几十年取得物理学中的重大发现的，并分享笔者对高能物理（粒子物理学）未来发展的一些看法[1]。

知识要点

"物质世界的本质是什么"是一个重要的问题，它研究的是：最基本的东西是什么？它们是如何产生，如何存在的？人们对这个问题的思考体现了人类探索现象背后的本质。

1

物理学是对物质世界的构成及其运动规律进行研究的基础自然科学学科。它源于古希腊的"自然哲学"，19世纪后从自然科学中独立，成为一门学科。

2

现代物理学认为物质是由基本粒子构成的，科学家提出了一个非常精炼的理论模型来描述物质的基本组成部分和作用在它们上的力，这就是粒子物理的"标准模型"。这个模型在近 60 年来被大量的实验所证实，从而获得公认。

3

课后习题

你觉得以下各种东西的"真实"程度是多少？把它们从最真实到最不真实进行排序，你会怎么排？请同时写出你的解释。

1. 手机   2. 相对论   3. 梦境

4. 爱情   5. 病毒   6. 原子

7. 数字 100   8. 灵魂   9. 小说的人物

10. 黑洞

请在括号中填入数字序号：（   ）—（   ）—（   ）—（   ）—（   ）—（   ）—（   ）—（   ）—（   ）—（   ）

请用一句话解释你为什么这么填：

_____

_____

Q2 选择题：请选择你认为最符合题意的一项或几项。

1. 思考（每个答案选项中的前一词）背后的（每个答案选项中的后一词）是一项重要的能力，它能够帮助人们更好地认识客观规律。（   ）

     A. 物质，现象   B. 本质，现象

     C. 现象，本质   D. 现象，物质

2. 自然科学最早发源于古希腊的哪门学科？（　　）

  A. 科学   B. 数学

  C. 哲学   D. 艺术

3. 经典物理学中，牛顿关于"万有引力"的论述著作是（　　）

  A.《化学哲学的新体系》   B.《万有引力的数学原理》

  C.《科学的哲学原理》   D.《自然哲学的数学原理》

4. 以下哪些是物理学给出的关于物质世界的解释（多选）？（　　）

  A. 粒子物理的标准模型   B. 万有引力

  C. 相对论   D. 病毒

5. 物理学研究的自然现象包括哪些（多选）？（　　）

  A. 黑洞   B. 基本粒子

  C. 梦   D. 光

答案：1. C；2. C；3. D；4. ABC；5. ABD

延展阅读

人们如何理解最真实的存在

原始神话里，"最真实的存在"可能是精灵、魔鬼或者神仙；物理学认为是原子、电子和各种粒子之间的相互作用；古希腊毕达哥拉斯学派[1]认为是数字（而且得是整数）；宗教则认为是上帝或者某一种精神世界——无论如何，重要的不是眼前变化万千、转瞬即逝的现象世界，而应该是隐藏在表象之后的世界，即"最真实的存在"。

那么，最基本的东西到底是什么呢？

一般而言，有两种方式来检验。第一种检验方式是，最基本的对象一定是所有其他事物都依赖于它。比如，在物理学家看来，能量守恒定律就是最基本的，所有事物和现象都要遵循这个规律。而对于神学家而言，上帝是最基本的，因为整个世界都依赖上帝的意志而存在，是上帝创造的。

第二种检验方式是，最基本的对象本身不会被创造或者毁灭。比如，你可以摔碎一部手机，但是即使你撞碎了构成手机的粒子，这些粒子也不会完全消失，而是转化成相应的能量和其他粒子；你也可以制造一部手机，却不能凭空创造出那些基本粒子和能量。

同样地，在神学家眼中，上帝可以创造和毁灭地球，但是上帝本身永恒存在。

---

1 古希腊哲学家毕达哥拉斯（Pythagoras，约公元前 580—约前 500 年）及其信徒组成的学派，他们认为"数即万物，万物皆数"。

第 2 节
物质世界是由原子组成的：从"元素说"到"原子论"

著名的美籍犹太裔物理学家理查德·费曼（Richard Phillips Feynman，1918—1988 年）曾经说过这样一段话："假如由于某种大灾难，所有的科学知识都丢失了，只有一句话可以传给下一代，那么怎样才能用最少的词汇来传达最多的信息呢？我相信这句话是原子的假设（或者说原子的事实，你愿意怎样称呼都行）：所有的物体都是由原子构成的——这些原子是一些小小的粒子，它们一直不停地运动着，当彼此略微离开时相互吸引，当彼此过于挤紧时又互相排斥。只要稍微想一下，你就会发现，在这一句话中包含了大量的有关这个世界的信息。"[7]

那么，什么是原子呢？这一节我们就来关注"原子论"的起源和发展。

从表面上看，世界似乎是由各种各样不同的物质组成的，人们能辨识出水、火、空气、木头、金属、谷物、泥土等，而火燃烧会变成灰，冰会化成水，木头会腐烂，金属会熔化，它们都能不断变化。于是，古代的哲学家们便想到：有没有一种不变的、基本的东西可以来解释变化的万物呢？在 2 600 多年前的古希腊，泰勒斯就提出世界是由"水"这种元素构成的。

今年的橄榄会丰收！

泰勒斯是西方的第一位哲学家和自然科学家，他也是古希腊第一个不用神明鬼怪来解释"世界的本质是什么"的思想家。据说有一天晚上，他在旷野间思考，边走路边仰头观察天上的星星、研究气象问题，却因为没看路不小心掉进了井里。人们讽刺他只顾天空却不知道脚下发生的事。后来他通过观察天象，预测当年的橄榄会丰收，并利用这个知识在橄榄油市场上赚了一大笔钱。虽然他关于"水"组成世界万物的说法在今天看来很可笑，但这实际上是一种了不起的思考，体现了人们对世界表现出来的样子和实际的样子的区分。通过对现象背后"本质"的思考，人们得以用理性的认识去系统性地解释杂乱无章的日常现象。现代科学理论其实就是这样一种策略的延伸和发展。

类似地，中国古代也提出过"阴阳五行学说"，认为世间万物都有阴阳的属性，并由金、木、水、火、土等基本元素构成："故先王以土与金木水火杂，以成百物。"

　　后来，古希腊哲学家亚里士多德(Aristotle，公元前384—前322年)发展了前人的理论，提出物质由土、水、气、火四种元素构成，这就是"四元素说"。总之，这一类用某些"元素"来解释物质世界的说法，被统称为"元素说"。

　　那么，"原子论"又是怎么回事呢？

　　早在2 500年前，古希腊哲学家德谟克利特(Democritus，公元前460—前370年)就提出：物质由离散而微小的、不能被分割的颗粒组成。他将这些颗粒命名为"原子"，他的理论也被称作古典原子论。他认为，就是这些原子通过不同的方式组合在一起，构成了各种各样的物质，包括水、火、风等。物质可以发生变化，而原子本身是永恒不变的。人们怎么能知道原子的存在呢？

　　德谟克利特分析：在一块面包还没被拿上餐桌时，我们就可以感知到它，因为我们闻到了它的气味。那么，它的气味是从哪来的呢？实际上，气味就来自组成面

面包来了！

包的粒子——原子，它提前飘到了我们的鼻子里，与我们的嗅觉产生了相互作用，所以我们才能闻到它。

虽然德谟克利特在 2 500 年前就提出了原子说，但他的理论没有得到普遍的认可，问题就在于原子非常小，人们无法直接观察到，也就很难证明它的存在。尽管伽利略 (Galileo Galilei, 1564—1642 年)、牛顿等物理学家对于原子说始终保持了开放的观点，但由于无法通过实验和数学计算的方式去研究原子，它始终仅仅是停留在哲学层面上的争论。对比而言，火、水、气、土这些元素是很容易观察并理解的，而炼金术等手工艺制作业的发展使得人们能够通过实验对这些物质进行研究，因此亚里士多德的"四元素说"在西方一直占据主要的地位，直到 17 世纪化学学科发展才发生了变化。

那么，17 世纪的化学界有什么新闻呢？那就是出现了被称为"现代化学之父"的法国化学家拉瓦锡 (Antoine-Laurent de Lavoisier, 1743—1794 年)。他将会计记账式的严格标准应用到化学实验中，通过严谨的定量分析（比如使用天平作为主要测量工具），改变了人们对土、水、气、火这四种元素的认识。其中最著名的实验就是拉瓦锡证明水是由两种物质组成的：他把水蒸气通过烧得发红的热铁分解为氢气和氧气，这两种气体被收集并混合到一个容器中，通过电火花点燃后又形成了水蒸气。拉瓦锡撰写的《化学概要》一书建立了现代化学的基础，他将化学科学从定性研究转向定量研究，并建立了现代化学的命名法体系，至此，新的"元素"概念也诞生了 [8]。

拉瓦锡出生于贵族之家，继承了巨额遗产，从小衣食无忧。家人希望拉瓦锡成为一名律师，但是他一直对化学很感兴趣，于是，在就读巴黎大学法学院之后，他仍然利用课余时间继续学习自然科学。后来，拉瓦锡取得了律师证书，还成为一家私人征税公司的老板，手头十分宽裕，他利用这些资金与自己聪慧的妻子玛丽共同打造了一个私人化学实验室，致力于化学研究（图 1-2-1）。玛丽成为拉瓦锡的助手，协助他翻译文献、为他的著作绘制插图。拉瓦锡在法国大革命中被处死后，玛丽积极推广他的研究，为传播他的思想做出了重要贡献。不过，在旧版高中化学课本的插图中，图 1-2-1（左上）中的拉瓦锡的妻子却被忽略掉了 [9]。

你也许会有疑问，物理通识读物为什么会涉及化学发展的知识呢？物理和化学到底是什么关系呢？实际上，化学是受物理学影响最深远的自然科学之一，化学的发展也深刻地影响了物理学的发展。化学是在原子、分子层次上研究物质的组成、结构、性质和变化规律的自然科学，它是化学变化的核心基础。化学所在的尺度是微观世界中最接近宏观的。原子理论在很大程度上是通过化学实验来证实的。

图 1-2-1 拉瓦锡。

从拉瓦锡到门捷列夫（Dmitri Ivanovich Mendeleev，1834—1907 年）完成元素周期表（图 1-2-2），都是在确定哪些物质之间能发生什么反应，这就是无机化学，即讨论与生命体无关的物质的研究内容。

化学反应本身的理论，即各种化学元素之间的相互作用规则，都和核物理、量子力学等理论有密切联系。原则上，理论化学的最深刻部分和物理学密不可分，早期的化学家往往同时被称为物理学家。

1808 年，英国科学家道尔顿出版了《化学哲学的新体系》一书，在书中他详细描述了自己的原子理论和主要实验，这是继拉瓦锡之后理论化学

的又一次重大进步。他揭示了一切化学反应现象的本质都是原子的运动，原子就是组成化学元素的最小物质颗粒。

现在我们知道，大多数不同的物质是由不同的分子构成的，比如水是由许许多多的水分子组成的，而这些水分子又是由氢原子和氧原子构成的。现代的原子分子学说是这样具体解释的：同一种原子可能组成不同的物质，比如氧原子既可以组成氧气分子 O_2，又可以组成臭氧分子 O_3，虽然都是氧原子组成的，但它们的性质却截然不同。我们需要呼吸氧气生存，但是呼吸臭氧则不能生存。实际上，绝大部分物质都是由分子组成的，而分子又是原子经过化学键构建而成的。

当然，稀有气体如氦、氖、氩、氪、氙、氡直接就是由原子组成的物质，而不是氦原子构成氦分子，再构成氦气。那么，原子是怎么通过化学键相互结合在一起的呢？这实际上就是现代化学主要研究的问题，而物理学则关注一些别的问题，比如，原子到底是不是最小的东西呢？原子里面还有什么东西？它们又是如何相互作用的呢？

物理通识读物为什么会涉及化学发展的知识呢？物理和化学到底是什么关系呢？

元素周期表
Periodic Table of Elements

1 1IA 1A							
1 **H** 氢 1.008	2 IIA 2A						
3 **Li** 锂 6.941	4 **Be** 铍 9.012						
11 **Na** 钠 22.99	12 **Mg** 镁 24.305	3 IIIB 3B	4 IVB 4B	5 VB 5B	6 VIB 6B	7 VIIB 7B	8
19 **K** 钾 39.098	20 **Ca** 钙 40.078	21 **Sc** 钪 44.956	22 **Ti** 钛 47.867	23 **V** 钒 50.942	24 **Cr** 铬 51.996	25 **Mn** 锰 54.938	26 **Fe** 铁 55.845
37 **Rb** 铷 85.468	38 **Sr** 锶 87.62	39 **Y** 钇 88.906	40 **Zr** 锆 91.224	41 **Nb** 铌 92.906	42 **Mo** 钼 95.95	43 **Tc** 锝 98.907	44 **Ru** 钌 101.07
55 **Cs** 铯 132.905	56 **Ba** 钡 137.328	57 - 71	72 **Hf** 铪 178.49	73 **Ta** 钽 180.948	74 **W** 钨 183.84	75 **Re** 铼 186.207	76 **Os** 锇 190.23
87 **Fr** 钫 223.020	88 **Ra** 镭 226.025	90 - 103	104 **Rf** 𬬻 [261]	105 **Db** 𬭊 [262]	106 **Sg** 𬭳 [266]	107 **Bh** 𬭛 [264]	108 **Hs** 𬭶 [269]

57 **La** 镧 138.905	58 **Ce** 铈 140.116	59 **Pr** 镨 140.908	60 **Nd** 钕 144.243	61 **Pm** 钷 144.913	62 **Sm** 钐 150.36
89 **Ac** 锕 227.028	90 **Th** 钍 232.038	91 **Pa** 镤 231.036	92 **U** 铀 238.029	93 **Np** 镎 237.048	94 **Pu** 钚 244.064

■ 碱金属	■ 过渡金属	■ 准金属
■ 碱土金属	■ 贫金属	■ 非金属

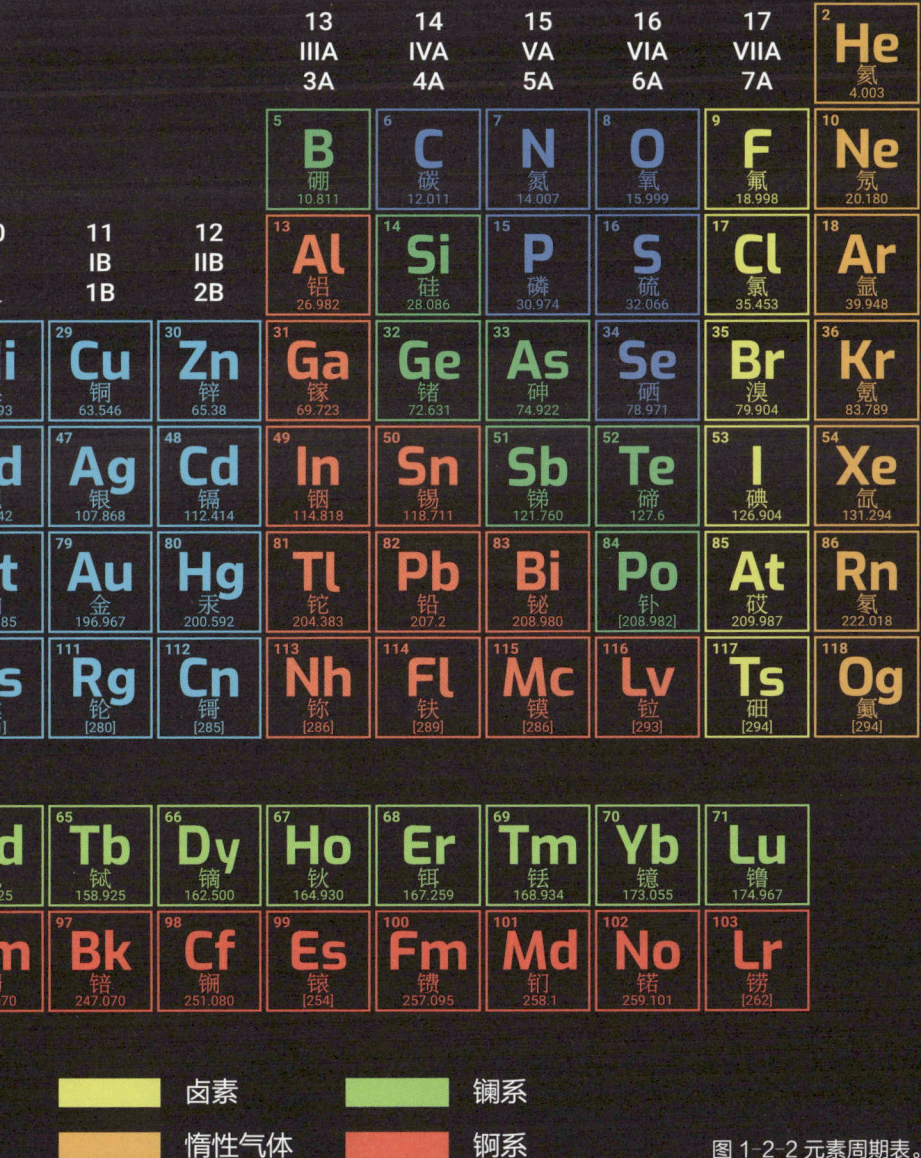

图 1-2-2 元素周期表

知识要点

几千年前的哲学家认识到，虽然物质多种多样，但可以使用一些基本元素来解释世间万物的构成。亚里士多德提出了土、火、水、气的"四元素说"，在西方得到了持续的认可。德谟克利特提出了原子说，但受限于时代条件，难以对此理论假说进行验证。

1

17 世纪化学科学的发展，帮助人们重新定义了"元素"的概念。道尔顿根据前人的研究，提出了近代原子论的雏形。人们逐渐认识到，物质由分子组成，分子由原子组成。化学也因此和物理学相互影响，相互促进。

2

课后习题

选择题：请选择最符合题意的一项或几项。

1. 假如由于某重大灾难，所有的科学知识都丢失了，只有一句话可以传给下一代，以下哪句话能够更好地描述物质世界的本质？（　　）

   A. 太阳绕着银河系的中心转，地球绕着太阳转，月亮绕着地球转。

   B. 所有的物质都是由原子构成的，原子是很小的粒子，一刻不停地运动着。

   C. 世界万物都有阴阳的属性，并且由金木水火土这些基本元素构成。

   D. 火燃烧会变成灰，冰可以化成水，木头会腐烂，金属可以熔化。

2. 2 500 年前，古希腊的哲学家德谟克利特提出了"原子"的概念，关于这个概念，以下哪个说法是错误的？（　　）

   A. 原子是最小的不能被分割的颗粒，这些颗粒组成了所有的物质

   B. 人们可以闻到还未上桌的食物的香气，是因为食物中的原子飘到了鼻子里

   C. 水、火、风等都是由原子构成的

   D. 人们可以很容易地观察到原子，因此原子一定存在

3. 17 世纪的科学家拉瓦锡撰写的《化学概要》定义了新的元素概念，奠定了现代化学的基础，他证明了（多选）：（　　）

   A. 水是水元素构成的　　　　　　　　B. 水可以分解为氢气和氧气

   C. 氢气和氧气可以合成水蒸气　　　　D. 水加热之后可以变成土

4. 关于物理学和化学的关系，以下哪些说法是正确的（多选）？（ ）

　　A. 物理学和化学是完全无关的两个学科

　　B. 化学受到物理学的深远影响

　　C. 化学元素之间的相互作用规律都与物理学研究的内容相关

　　D. 早期的化学家往往也被称为物理学家

5. 根据现代的原子分子学说，以下哪些说法是正确的（多选）？（ ）

　　A. 水由水分子组成，水分子由氢原子和氧原子构成

　　B. 2 个氧原子可以构成氧气分子，3 个氧原子可以构成臭氧分子

　　C. 同种类的原子组成的物质都是一样的

　　D. 土、水、气、火四种元素构成一切物质

6. 以下哪种说法缺乏坚实的科学依据？（ ）

　　A. 希波克拉底（Hippocrates，公元前 460—前 370 年）认为，四种元素对应了四种体液，不同体液的人性格和特质不同

　　B. 阿伏伽德罗（Amedeo Avogadro，1776—1856 年）提出，相同的温度和压强条件下，相同体积的任何气体都具有相同的分子个数

　　C. 原子可以构成分子，分子可以构成物质

　　D. 门捷列夫发明了元素周期表，提出了元素的原子量与化学性质相关

答案：1. B；2. D；3 BC，4 BCD，5 AB，6 A

亚里士多德的"四元素说"

亚里士多德是世界古代史上最伟大的哲学家、科学家、思想家之一，他是柏拉图的学生，亚历山大大帝的老师。他生活在公元前 384—前 322 年，在雅典创办了自己的学校。他关于物理学的思想成为中世纪正统的关于世界的学术思想，其影响力一直延续到文艺复兴时期的 16 世纪晚期。

他总结前人的哲学思想，提出物质由土、水、气、火四种元素构成，这些元素以一种持续的方式不断变化，所以并不存在最小的粒子，物质只是不同的元素相互转化而构成的。比如，水通过加热可以转变为土，因为人们观察到加热水之后，会留下一些沉淀物（今天我们知道这其实是水垢，微溶于水的碳酸钙等物质会由于水的受热蒸发而析出，而不是水本身变成了土）。

现在有一种性格测试通过"体液学说"来分析人的性格特点，看起来既新鲜又神秘。实际上，这是古希腊的"医学之父"希波克拉底根据四元素理论提出来的。这四种元素对应了人的四种体液：土——黑胆汁，水——黏液，气——血液，火——黄胆汁或浓汁。这四种体液在人体内的比例不同，从而形成了四种气质类型：抑郁质、黏液质、多血质、胆汁质，表现为人的不同性格和特质。在现代医学和心理学看来，这种观点其实缺乏坚实的科学基础，基于这种理论提出的各种所谓的性格测试、心理测试，无非就是利用人们对科学发展史的不熟悉而重新翻出几千年前的观点炒冷饭罢了。

阿伏伽德罗与分子说

今天，大多数人知道，物质由分子构成（绝大部分物质由分子构成，金属单质、非金属固态单质、稀有气体是由原子直接构成的）、分子则由原子构成，而这种认识在 260 多年前才得到科学界的共识。1808 年，道尔顿提出了原子论，而阿伏伽德罗很快又提出了分子论。不像原子论那样迅速就得到认可，分子论在被提出的半个世纪之后才得到科学界的认同。阿伏伽德罗是一名意大利化学家、物理学家。有趣的是，和拉瓦锡一样，他在大学就读的也是法律系，而非自然科学学科。

阿伏伽德罗毕生致力于化学和物理学中关于原子论的研究，他提出在相同温度和相同压强的条件下，相同体积的任何气体具有相同的分子个数这一假说。这也被称为阿伏伽德罗定律，它对自然科学的发展，特别是原子量的测量工作，起到了重大作用。

阿伏伽德罗引进分子的概念是因为道尔顿的原子概念与实验事实发生了矛盾，必须用新的假说来解决这一矛盾。道尔顿在提出原子论后，坚持认为自己的理论无懈可击，对提出不同意见的科学家进行打压和公开反对。鉴于道尔顿在学术界的权威地位，尽管阿伏伽德罗做了多次努力和尝试，人们始终不接受分子假说。

后来，化学家们对各种元素的原子量进行测量时，尽管采用了很多不同的方法，由于不承认分子的存在，导致化合物的原子组成很难确定，这方面的工作混乱不堪、驻足不前。为了在化学式、原子量等问题上达成统一，化学家们在 1860 年召开了一次国际会议。会上，人们回顾并总结了化学发展史，最终承认了阿伏伽德罗的分子假说。这时距该假说的提出已经过了 50 年，阿伏伽德罗也已经去世了。

关于原子说的补充知识

19 世纪早期，化学家们通过对不同的元素进行结合或分解的实验，发现元素总是会按照一个固定的质量比例发生反应，而且这个比例总是一个整数。比如，在拉瓦锡点燃氢气和氧气生成水的实验中，发现 1 g 氢气总是与 8 g 氧气结合在一起，生成 9 g 水。即使把 8 g 氢气和 8 g 氧气混合在一起充分燃烧，也只有 1 g 氢气参与反应。同样地，如果要生成 18 g 水，则需要 2 g 氢气和 16 g 氧气。在这个反应中，氢气和氧气的质量比永远都是 1∶8，而不是 1∶8.2 或者 1∶任何其他的数。

道尔顿的原子说可以非常完美地解释这种现象：不同元素含有不同的原子，它们的原子性质和重量各不相同，同种元素的原子性质和重量则是固定的。不同元素的原子重量（原子量）之比都是固定的整数，因此，物质在结合的时候，它们各自的原子就会以固定的整数比率结合在一起。

比如，氢的相对原子量是 1，氧就是 8，它们的原子量之比永远是 1∶8。当然，我们现在知道这个数字是错的，因为当时道尔顿并不知道 1 个水分子实际是由 2 个氢原子和 1 个氧原子结合在一起的，也就是 2 份氢原子的质量比 1 份氧原子质量为 1∶8。经过计算，氧的相对原子量其实是 16。

后来，人们发现，原子量相差 8 的元素表现出相似的化学性质。俄国的化学家门捷列夫发明了元素周期表，明确提出了元素的原子量和化学性质的关系。根据表格，他对许多当时并未发现的元素提出了预言。

第 3 节
原子里面到底有什么？电子的发现

是不是原子就是最小的物质结构、再也不能分割呢？原子里面还有什么呢？

在道尔顿的原子模型中，原子像一个实心球一样，就是最小的不可分割的粒子。在后来的科学发展中，人们测量出原子具体的大小：它的半径在 10^{-10} m（相当于 0.1 纳米）数量级上。人的头发丝差不多是 10^{-4} m 粗细，头发丝的粗细比原子的半径大百万倍。如果把一个核桃放大到地球那么大，那么核桃中的每一个原子就和核桃原来的大小差不多。

原子如此之小，人们有没有可能看到它呢？当然可以！只不过需要使用强大的扫描隧道显微镜（STM, Scanning Tunneling Microscope），而这种技术设备在 20 世纪 80 年代才研制成功。

STM 的发明者使用这种显微镜拍摄出了放大 1 亿倍的硅原子三维景观图，也因此获得了 1986 年的诺贝尔物理学奖。现在，人们不仅

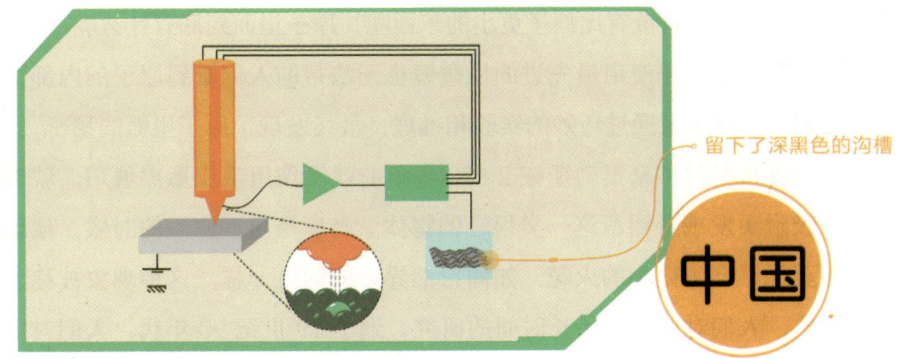

图 1-3-1 北京真空物理实验室利用施加了电脉冲的扫描隧道显微镜
"写"出了"中国"两字。

可以观察原子，还可以操纵原子。例如，1994 年中国科学院北京真空物理实验室利用施加了电脉冲的扫描隧道显微镜的针尖，将部分硅原子从硅晶体表面拨出来，留下了深黑色的沟槽，最终成功地"写"出了"中国"两字（图 1-3-1）[10]。

那么，在人们没法直接观察到原子之前，还有什么别的证据说明原子存在呢？其实还是有一些间接证据的。比如，假设我们把某种小球（比分子大一些的球）放到水里，因为水里的原子是运动着的，这个球就会被原子碰撞而在水里晃来晃去，就好像将一个大球扔进人堆里，球会被许多人打来打去，在场地里做不规则的运动一样。

因此，通过显微镜可以观察到悬浮在液体或气体中的微粒在做永不停息的无规则的运动，这就是小颗粒与原子相互碰撞的结果。这种运动最早由英国物理学家布朗（Robert Brown，1773—1858 年）发现，因此被命名为布朗运动。

那么，还有没有比原子更小的东西呢？原子里面到底有什么呢？

实际上，即使用最先进的显微镜也无法帮助人们看到原子的内部结构。聪明的物理学家通过巧妙的实验和推理，最终发现了原子里面的秘密。

古希腊哲学家泰勒斯在 2 600 多年前就发现用毛皮摩擦琥珀，琥珀可以吸附头发或者稻草这一类很轻的物体。当摩擦足够剧烈的时候，琥珀上甚至能够产生微小的火花，如同自然界中的闪电一样。这种现象被称为电现象，人们对此进行了长时间的研究。到了 19 世纪 90 年代，人们对电有了相当完整的了解，爱迪生也发明了电灯。

在当时的物理实验室里，一种叫作阴极射线管的设备成为时髦（图1-3-2）。阴极射线管是什么呢？它由两端都有电极的真空管构成，人们对两极施加一个很大的电压（约 8 000 V），使得电荷被施加在阴极（带负电的一极），电荷将向带正电的一极运动，与此同时，在被射线击打的远程电极玻璃处会产生一个明亮的光晕。当时，有些人甚至会付费来观看产生光晕的整个过程，以此作为娱乐活动。

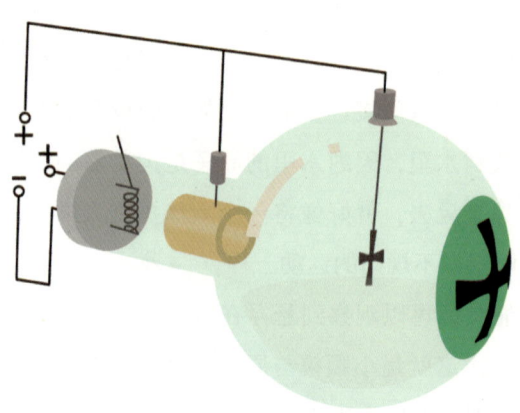

图 1-3-2 阴极射线管。

实际上，我们小时候看的电视机（老旧的，大脑袋的那一种），它的屏幕是由显像管组成的，而那些显像管就是阴极射线管。

今天我们重复这个实验，可以很明显地看到阴极发射出来的射线，当时的人们就将它命名为"阴极射线"，关于它到底是什么，也提出了很多猜想。这种射线可以推动小小的桨轮，让其旋转，说明它并不是人眼产生的幻觉，而是一种实在的物质。

到了 1897 年，问题终于得到了解决。英国物理学家汤姆逊（Joseph John Thomson，1856—1940 年）在英国剑桥卡文迪许实验室向世人证明了"阴极射线"就是电子，并且说明了电子是原子内比原子还要小得多的粒子，打破了 2 000 多年来原子不可分割的概念，他也因此获得了 1906 年的诺贝尔物理学奖。

那么，汤姆逊的阴极射线实验是怎么发现电子的呢?

1897 年，汤姆逊改进了之前的阴极射线管，他将磁场或电场施加在射线的路径上，观察射线的投影情况。在没有磁场和电场的情况下（图 1-3-3），阴极射线是直线行

看！有光！

进的，会落在荧光屏的 P1 处。在施加电场（D1、D2 就是施加的电场，上面是负极，下面是正极）时，阴极射线向电场相反的方向发生了偏转，落到了荧光屏的 P2 处（图 1-3-4），也就是朝着电场正极的反方向运动，这说明阴极射线是一种带负电的物质。

在使用蹄形磁铁单独施加磁场（是放在前后位置，而不是上下）之后，阴极射线向另一个方向发生了偏转，落到了荧光屏的 P3 处（图 1-3-5）。

紧接着，汤姆逊在射线的路径上同时施加一个电场和一个磁场，并调节电场和磁场的强度，最终使得粒子向 P3 或 P2 的偏转互相抵消，通过观察射线是否依旧落到荧光屏的 P1 处来确保粒子仍做直线运动（图 1-3-6）。这样一来，汤姆逊就可以通过电场强度 E 和磁感应强度 B 的比值计算出这种粒子的运动速度。

之后，在单独施加磁场的情况下，汤姆逊通过测量粒子偏转的距离，推导出粒子做圆周运动的半径 r（也就是粒子从 D1、D2 中间的地方出发，到达 P3，然后向上，再向左，绕一大圈回到起点）。最终，汤姆逊把上一步计算出来的粒子速度和这一步计算出的半径一起代入公式中，就得到了这种粒子的电荷 q 与质量 m 之比，简称荷质比。

荷质比是粒子的重要标记，不同粒子拥有的荷质比不同，而汤姆逊测定出的阴极射线的荷质比是当时人们已知最小、最轻的粒子的荷质比的约 2 000 倍。荷质比越大，在电荷相似的情况下，质量就越小，因此最有可能的解释就是这种粒子的质量非常小。另外，汤姆逊发现，使用不同材料的阴极，或是阴极射线管中装入不同的气体，阴极射线的荷质比都不会发生变化，说明这种粒子在不同材料的原子中都存在，它就是电子。

在汤姆逊发现电子的 12 年后（1909 年），美国物理学家密立根（Robert Andrews Millikan，1868—1953 年）进行的油滴实验测量出了电子的电荷量，

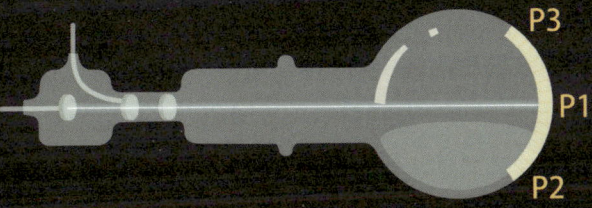

图 1-3-3 无磁场和电场。

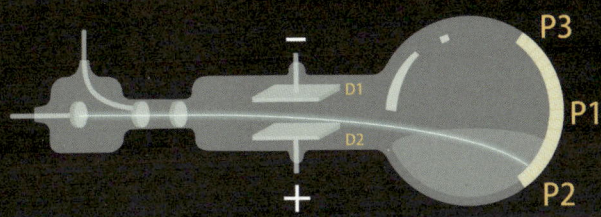

图 1-3-4 单独施加电场。

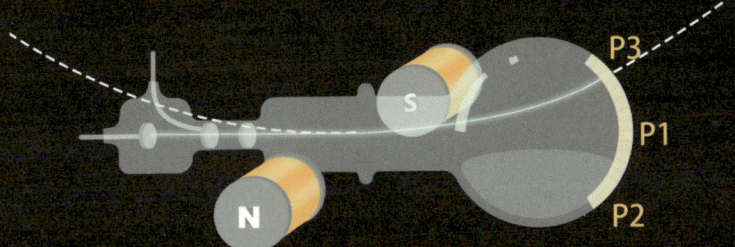

图 1-3-5 单独施加磁场。

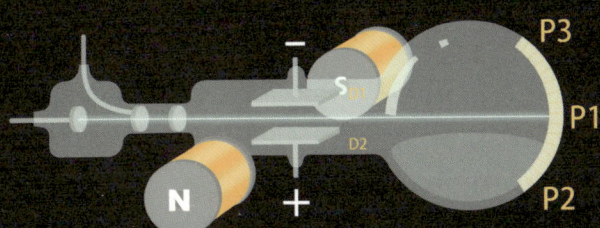

图 1-3-6 同时施加电场和磁场。

最终确定了电子的质量是 9.11×10^{-31} kg（一根头发丝的质量差不多是 1 mg，即 10^{-6} kg，比电子大 1 亿亿亿倍）。至此，电子是一种比原子更小的粒子得到了确凿的实验验证，成为所有物理学家的共识。

我们看到，科学家对物质世界构成的研究中，提出了各种各样的假说，又通过各种各样的实验验证或者推翻旧的假说，不断更新着人们对物质世界的理解和认识。比如，德谟克利特提出的原子说无法通过实验验证而未得到普遍的承认，直到化学科学的发展，拉瓦锡通过定量的化学实验重新定义了化学元素，才使得道尔顿提出新的原子理论。19 世纪末 20 世纪初的物理学家，又通过新的实验对道尔顿的理论进行了验证，并基于新的现象和创新的实验方法提出了新的原子结构理论。

事实上，科学家们追求真理的过程，就是不断地对现有的理论进行反思，不停地学习和探索新的知识，毫不惧怕错误，并积极地改正对物质世界的错误认识（尽管这常常是一个痛苦的过程，有时候也需要花费一些时间）。自然科学的原则之一就是要用实验去检验已有的知识，并从实验中得到新的线索而推断出新的知识，这是循环往复的过程。

那么，理论和实验有什么关系呢？理论物理学家和实验物理学家有什么分工吗？实际上，理论物理学家主要负责根据实验观察到的现象构想、推演和提出新的理论假说，而实验物理学家则进行实验，用以验证理论假说并判断其正确与否。新的理论假说也会预言一些以前没有观察到的现象，然后实验物理学必须在实验中验证，才能最终在物理界获得公认。有时，实验物理学家在实验中会发现一些现有理论无法解释的现象，那么，理论物理学家就必须千方百计地修改、补充现有的理论或者构想全新的理论。理论物理学家和实验物理学家一起，通过观察、推理和实验，不断为物理科学的大厦添砖加瓦，这就是科学精神和科学方法的体现。

知识要点

现在人们可以通过扫描隧道显微镜观察和摆弄原子来证实原子的存在，在这之前，也有一些间接证据表明原子的存在，如布朗运动。

1

汤姆逊改进了阴极射线管实验，通过巧妙的设计，他计算出了电子的荷质比，并以此作为证据说明原子并不是不可分割的，原子内部还有新的、更小的东西——电子。

2

物理学是一门实证科学，物理学家们通过实验来检验相关的知识和假说，并在实验的基础上不断提出新的理论假说；这些新假说预言一些新的现象，这些新现象在实验中被验证后，就加深了人们对物质世界的理解，使物理科学能够更加接近真理。

3

课后习题

选择题：请选择最符合题意的一项或几项。

1. 以下哪种说法比较好地描述了原子的大小？（　　）

    A. 原子非常非常非常非常非常小

    B. 原子像头发丝一样细

    C. 如果一个樱桃像地球那么大，樱桃中的每个原子就跟原来樱桃的大小差不多

    D. 原子像蚂蚁一样小

2. 以下哪些有可能作为科学证据说明原子的存在（多选）？（　　）

    A. 利用扫描隧道显微镜观察到原子

    B. 我梦见一个外星人告诉我原子存在

    C. 布朗运动

    D. 老师在课堂上说原子存在

3. 阴极射线管是什么东西呢（多选）？（　　）

    A. 阴间用的一种可以发射线的武器

    B. 一个透明的真空玻璃管，其中一端被施加电压后电荷就会从带负电的一极（阴极）向带正电的一极运动

    C. 老旧的大脑袋电视机里的显像管

    D. 一个形状像试管的、会发光的灯泡

4. 英国物理学家汤姆逊通过实验向世人证明了：（　　）

　　A. 原子就是最小的不可分割的颗粒

　　B. 电子是比原子还要大得多的粒子

　　C. 阴极射线是人眼产生的幻觉

　　D. 极射线是电子

5. 汤姆逊的阴极射线实验测试了阴极射线在哪些条件下的表现（多选）？（　　）

　　A. 单独施加一个磁场

　　B. 单独施加一个电场

　　C. 同时施加磁场和电场

　　D. 既没有磁场也没有电场

6. 有人向你提出一个理论来解释物质世界，关于这个理论的正确性，以下哪些说法是错误的（多选）？（　　）

　　A. 如果这个人是一个德高望重的科学家，他提出的任何理论都是正确的

　　B. 如果这个人在 CCTV 的节目里宣扬他的理论，他的理论一定是正确的

　　C. 如果所有不相信他的理论的人最后都死了，他的理论就是正确的

　　D. 如果他的理论被一个只做了一次的实验证明了，他的理论肯定是正确的

7. 假如你是一个理论物理学家，当实验物理学家用多次可重复的严谨实验证明你的理论有缺陷的时候，你应该怎样做才能让物理学界更好地理解你的理论？（　　）

A. 写一篇文章说明那个实验物理学家是个人品低下的人

B. 仔细研究自己的理论到底还有什么缺陷，千方百计地完善自己的理论来解释那些实验物理学家发现的实验现象

C. 威胁那个实验物理学家，如果他敢公开发表实验结果就让他吃不了兜着走

D. 求神拜佛

答答案：1. C；2. AC；3. BC；4. D；5. ABCD；6. ABCD；7. B

延展阅读

一个分子内的原子数量

1 mol 水，也就是 18 g 的水。大约是 2 个直径 3 cm、厚 1.5 cm 的矿泉水瓶盖里盛的那么多——里面有 6.02×10^{23} 个水分子，每个水分子由 2 个氢原子和 1 个氧原子构成，1 mol 的水就包括 1 mol 的氧原子和 2 mol 的氢原子。因此，仅仅 2 瓶盖的水里就有 $3 \times 6.02 \times 10^{23}$ 个原子。

电子的电荷量与质量

在汤姆逊发现电子的 12 年后，1909 年，美国物理学家密立根通过油滴实验测量出了电子的电荷量：$e = 1.592 \times 10^{-19}$ C，并最终确定了电子的质量是 9.11×10^{-31} kg（一根头发丝的质量差不多是 10^{-6} kg）。

油滴实验主要是通过平衡重力与电力，使得一颗油滴悬浮在两片金属电极之间。根据已知的电场强度，就可以计算出整颗油滴的总电荷量。在反复多次进行实验并测量整颗油滴的总电荷量之后，密立根发现所有油滴的总电荷值皆为同一数字的倍数，于是确定了电子的电荷量。

电子与化学性质

不同的原子可以组成不同的分子，同样的原子也可以组成不同的分子。不同的分子构成的物质具有不同的化学性质，那么什么是物质的化学性质呢？实际上，原子、分子的外层电子相互作用的性质，就是我们生活中常说的"化学性质"。化学学科主要研究外层电子的相互作用，或者是对化学键进行研究。

物理学中的实验的重要性：为什么物理学需要实验？

我们都知道，物理学是一门实证的科学，任何物理学的理论假说都必须通过实验验证，才能得到认可。这也是为什么提到物理学，我们很可能会想到各种各样的实验和设备，比如大型望远镜、粒子对撞机、摆满复杂设备的实验室等。物理学实验是验证理论假说是否正确的主要手段。即使某个假说在一定的条件下通过了验证，还要持续面对在其他条件下产生的新问题，并不断调整或更新它对于新现象的解释，才有可能被科学界所接受并经受历史的考验。无论是什么样的权威人士或者名家，都无法强迫科学界接受一个不能通过验证的理论。同样，无论一个理论曾经有多么成功、得到了多少赞同，一旦新的证据能够表明这个理论存在缺陷，科学界都会勇敢地面对挑战，千方百计地修正现有的理论，使得相关领域的研究离真理更近。

人们在物理学实验的过程中，会发明各种各样的工具和设备，这些工具和设备在其他地方又可能发挥作用，甚至可以改变人类社会。比如，在 CERN（欧洲核子中心）进行的物理实验中使用粒子加速器来研究物质的组成，在这一过程中，人们发明了万维网，使得全球的物理学家能够利用网络方便地通信、交流和查询信息，万维网的发展把人类带入全新的网络时代，给人们的生活带来了巨大的变化。

接下来介绍两个粒子物理学中的故事，以更好地说明：为什么实验对于物理学研究这么重要呢？

第一个故事是希格斯玻色子的发现。希格斯玻色子是一种非常特殊的粒子，与过去已知的所有粒子都有很大区别，它（大小与电子和夸克等类似）比原子还要小很多，是粒子物理标准模型（见第 1 章和第 3 章）中的关键组成部分。

早在 1964 年，英国物理学家彼得·希格斯（Peter Higgs, 1929—2024 年）就提出了希格斯场的概念，进而预言了希格斯玻色子的存在。在此前后，比利时物理学家恩格勒（François Englert, 1932 年出生）和其他几位物理学家也独立地提出了类似的假说。然而，在该假说提出后的近 50 年内，尽管成千上万的物理学家做出了艰苦的努力，但都没能在实验中观察到这种粒子。

为什么呢？

CMS实验

ATLAS实验

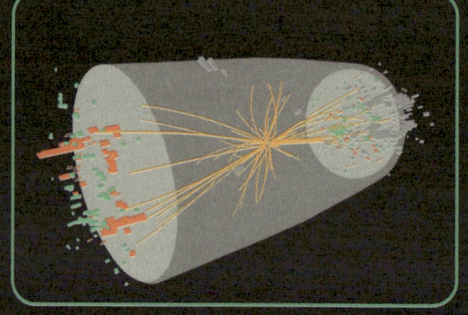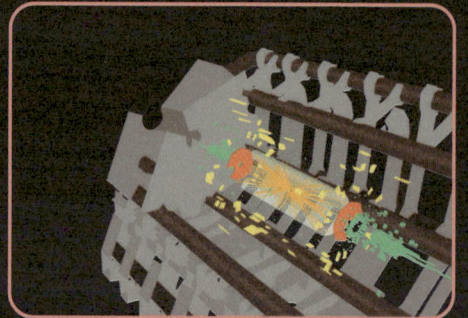

图 1-4-1 CMS 实验和 ATLAS 实验都发现了希格斯玻色子。

　　主要是受到当时技术和研究设备发展水平的制约。虽然希格斯等人提出的假说能够解释很多现象并完善粒子物理标准模型，但是由于缺乏实验验证，始终没有得到科学界的公认。

　　直到 2012 年 7 月 4 日，CERN 宣布发现了一种新粒子的迹象，这种新粒子看起来像是粒子物理标准模型中的希格斯玻色子。CMS 实验和 ATLAS 实验（图 1-4-1）采用不同的探测器都独立观察到了这种迹象。既然是疑似，那么它到底是不是呢？在接下来的 8 个月内，我们研究了比 2012 年 7 月收集到的多 3 倍的数据来排除一切可疑的地方，最终在 2013 年 3 月，证实了这种粒子确实就是希格斯玻色子。

　　至此，1964 年物理学家们提出的理论终于从实验结果中得到了验证，希格斯和恩格勒也终于在假说提出后近 50 年，获得了 2013 年的诺贝尔物理学奖。由于诺贝尔奖规定只颁发给在世的人，另外一位与恩格勒一起提出此理论的物理学家当时已经去世，便和诺贝尔奖失之交臂。

这种遗憾也说明了科学家是如何严格地遵守着实证的精神——如果没有实验证实，理论不会比写有理论的纸更有价值。

第二个故事则是 J/ψ 粒子的发现改变了人们对夸克的认识。

丁肇中是著名的美籍华裔物理学家，他在 1974 年以前曾经在 CERN 工作过，他的自传文章中也提道："在欧洲核子研究中心的一年和哥伦比亚大学的两年，对我后来的工作有极大的影响。"后来，从 1983 年至今，他大部分时间也都是在 CERN 工作的。

1974 年，丁肇中和他领导的团队在美国布鲁克海文国家实验室的质子加速器上发现了一种新的粒子，这种粒子和当时人们已知的任何粒子都不一样，丁肇中给这种粒子起名为 J 粒子（图 1-4-2），原意是想用此粒子纪念他们团队在探索电磁流（科学文献中通常用"J"字母来表示）性质的过程中，用了约 10 年的时间才发现这种新粒子；之后，有人曾以为，丁肇中如此命名新粒子是因为英文大写的"J"有些像中文的"丁"字，但那只是猜测和误解[11]。

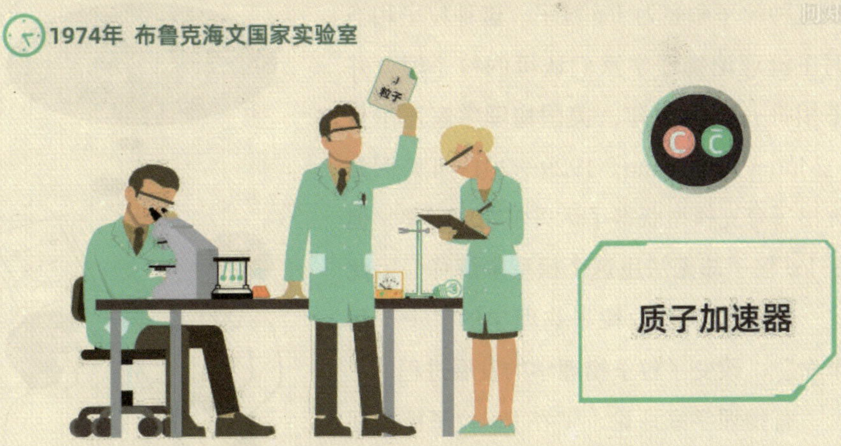

1974年 布鲁克海文国家实验室

质子加速器

图 1-4-2 丁肇中团队发现了 J 粒子。

几乎同时，另一位美国物理学家伯顿·里克特（Burton Richter，1931—2018年）和他领导的团队在美国斯坦福直线加速器中心（现名为 SLAC 国家加速器实验室）的电子加速器上也独立发现了同一种粒子，他给这种粒子起名为 ψ 粒子。

两个完全独立的物理学家团队、使用不同的加速器和不同的探测器，都发现了同一种粒子，这说明什么呢？说明这种粒子肯定是确实存在的、不是偶然的误差。用一个探测器做的实验可能会出错，但是用独立的两个几乎完全不同的探测器，还出同样的错，那概率就太小了。1974 年 11 月，两个团队同时公布了他们的发现，人们也因此将这种粒子命名为 J/ψ 粒子。这种粒子和当时主流理论物理学家们认可的粒子模型并不相符——1969 年，美国物理学家盖尔曼（Murray Gell-Mann，1929—2019 年）因为提出了夸克模型获得了诺贝尔物理学奖，但是 J/ψ 粒子却无法用这个模型来解释。因此，这一发现也被称为粒子物理学的"十一月革命"，改变了粒子物理学的发展进程。

有物理学家评论："在 J/ψ 粒子被发现以前，关于夸克是什么以及它们的性质有

丁肇中发现J粒子

很多猜想，而 J/ψ 粒子的发现，印证了这些猜想中正确的那一个，这便是 J/ψ 粒子的重要性。"

据说，丁肇中团队发现 J 粒子后，出于谨慎，并没有立刻发表论文公布；而里克特团队的实验虽然稍晚一些完成，但是他们立刻开始准备发表论文，导致两篇论文几乎同时发表。因此，丁肇中和里克特由于两个团队差不多同时发表了发现 J/ψ 粒子的论文而共同分享了 1976 年的诺贝尔物理学奖。如果丁肇中团队早点发表论文，是不是诺贝尔奖就会由他独享了呢？也许吧！不过还有一个团队似乎更遗憾，那就是一个在位于意大利罗马附近的名为 ADONE 的对撞机上的实验组，他们在类似的能区做类似的实验，却没有发现 J/ψ 粒子。他们看了丁肇中和里克特团队的发布会，便立刻回去对自己的实验装置进行了简单的调整（仅仅将加速器的能量提高了 3.3%），3 天之后，果然发现了 J/ψ 粒子，还对它的性质做出了重要的测量。ADONE 实验组错过了最早发现 J/ψ 粒子的机会，无缘 1976 年的诺贝尔物理学奖。这种遗憾表明物理学的研究中充满了激烈的竞争，这种竞争激励着物理学家们不断地努力。

上述两个故事给我们的启示就是：实验不仅可以验证理论正确与否，也可以使科学家们发现从未见过的新现象，从而提出新的理论来完善科学知识的大厦。

关于物理学中的实证精神，还有很多可以探讨的内容，比如应该如何设计实验来验证理论，如何判断一个实验的结果是否有说服力，以及科学研究中有哪些通用的原则等。

知识要点

实验对于物理学至关重要，理论需要实验来验证。同时，在实验研究的过程中，人们发明的很多工具和设备可能在其他地方发挥功用，甚至改变人们的生活。

1

希格斯玻色子以及 J/ψ 粒子发现的故事再一次说明了物理学的实证精神，那就是实验不仅可以验证理论正确与否，也可以使科学家们发现从未见过的新现象，从而提出新的理论来完善科学知识的大厦。

2

科学研究中存在着激烈的竞争，这种竞争激励着科学家们不断努力工作。

3

课后习题

1. 一般情况下，以下哪些是物理学的实验设备和装置（多选）？（　　）

   A. 洗碗机

   B. 粒子对撞机

   C. 扫描隧道显微镜

   D. 阴极射线管

2. 为什么提出希格斯场这一理论的物理学家们，在理论提出后的近 50 年后才获得诺贝尔物理学奖？（　　）

   A. 因为希格斯场这个理论是错误的

   B. 因为人们花了半个世纪的时间才在实验中找到了希格斯玻色子，从而验证了希格斯场的理论

   C. 因为诺贝尔物理学奖的评委们认为这一理论不是很重要

   D. 因为提出这一理论的物理学家们已经都去世了

3. 丁肇中和他的团队发现了 J/ψ 粒子，关于这一粒子，以下哪个说法是错误的？（　　）

   A. J/ψ 粒子改变了当时人们对夸克的认识

   B. 里克特和他的团队几乎同时发现了 J/ψ 粒子

   C. 丁肇中是在 CERN 工作时发现 J/ψ 粒子的

   D. 发现 J/ψ 粒子的过程中充满了激烈的竞争

4. 为什么实验对于物理学至关重要（多选）？（　　）

   A. 理论需要实验来验证

B. 人们在做实验的过程中可能发明许多工具和设备，在其他领域发挥出重要的作用，比如万维网的发明

C. 实验可能使物理学家发现从未见过的新现象，并促使人们提出更好的理论来解释实验现象

D. 必须做实验物理学家才能领工资

5. 以下哪些说法是打着"科学"的幌子来为自己做宣传的"伪科学"（多选）？（　　）

A. 经哈佛大学有关专家认证，我们的"水变油"技术可以让您实现点石成金的梦想

B. 基本上所有的科学家都认同"心灵感应"的存在

C. 某品牌"永动机"获得了国家科技部进步奖和相关专利

D. "量子胎教"课程由知名日本物理研究团队开发，让您的孩子赢在起跑线

6. 关于科学与宗教在认识物质世界和预测、改变物质世界上的不同，以下哪些说法是正确的（多选）？（　　）

A. 自然科学理论能够帮助人们直接地改造物质世界、科学技术是第一生产力

B. 人们可以仅仅依据《圣经》中上帝的口谕造出原子弹

C. 自然科学永远都是实证的，一个理论的正确与否要靠实验来验证

D. 宗教要求人们虔诚地信仰上帝或宗教教义

答案：1. BCD；2. B；3. C；4. ABC；5. ABCD；6. ACD

延展阅读

科学与伪科学

自然科学有两个重要特点：

1. 不仅要认识物质世界，还要预测和改变物质世界。

2. 科学必须严格遵循实证精神。通过科学的特点，我们就可以对什么是科学、什么是伪科学做出一些初步的判断。

怎么去判断呢？比如，也许你还记得 2019 年左右曾经掀起一波关注热潮的"量子波动速读"。这种教学法强调"用心去感受"，称"量子波动速读"是一种革命性的阅读方式。它为自己贴上了物理学中的量子和波动的概念，以此凸显自己的"科学性"。实际上，无论什么理论，如果提出者不能遵循实证精神，在没有实验证明的前提下就宣称某种东西是"真的"，那就不能称之为"科学的"；至于与量子力学相关的概念更是风马牛不相及，其伪科学的本质不言自明。

类似的还有所谓的"人体特异功能"，或者"心灵感应""水变油""永动机"等，无论他们使用的语言多么华丽或前沿，凡是没有经过反复验证就把某种说法当作"事实"的，都只是打着"科学"的幌子罢了。

科学理论能够帮助人们直接地改造物质世界，因此科学技术的进步就是人类社会进步的基础动力。其次，科学永远都是实证的，重大的科学理论并不是科学家们一时的顿悟，而是在对一系列自然现象进行观察、对许多实验结果进行梳理的基础上提出的。科学理论永远都欢迎质疑，也必须经受实证的检验。因此，科学家们提出了一系列的理论预言，以便其他科学家通过实验或观测检验这些理论是否正确。

第 5 节
原子里面还有什么？卢瑟福与原子核的发现

人们对原子结构的认识是如何在实验的基础上进一步发展的呢？这一节将继续介绍汤姆逊的原子模型，解释卢瑟福（Ernest Rutherford，1871—1937 年）的 α 粒子散射实验和他关于原子的核式结构模型。

我们知道，通常情况下原子是不带电的，既然汤姆逊发现原子中射出了带负电的电子，那是不是说明原子内部还有带正电的其他东西呢？于是，汤姆逊提出了新的原子模型：原子中的正电荷以均匀的密度连续地分布在整个原子之中，许多细小的电子也均匀地分布在其中，就好像是布丁里均匀地布满了葡萄干一样。人们因此称这个模型为葡萄干布丁模型。如果换成中国美食，可以称为枣糕模型，枣均匀地分布在发糕里面，就像是电子分布在原子中一样；还可以称为西瓜模型，西瓜瓤就像均匀分布的正电荷，西瓜籽则是均匀分布的电子。

无论是葡萄干布丁、枣糕还是西瓜，汤姆逊的模型都能够很好地解释原子的稳定性（即电中性，原子不带电）和阴极射线现象，被很多物理学家所接受。

然而，任何理论和模型都需要不断地接受实验的验证，从而使物理科学的知识体系不断完善，这充分体现了科学实证精神。汤姆逊模型很快就遇到了完全无法解释的实验结果。是什么样的实验结果呢？下面我们就要了解一下卢瑟福主导的 α 粒子散射实验。

　　英国物理学家卢瑟福是 20 世纪最伟大的实验物理学家之一，被誉为"核物理之父"。卢瑟福出生在新西兰南岛的一个普通家庭，在家里 12 个孩子中排行老四。由于家里人口众多、收入有限，他的生活并不宽裕，凭借优异的成绩获取奖学金才得以完成大学学业。1895 年，24 岁的卢瑟福又获得了一笔奖学金，得以进入英国剑桥大学的卡文迪许实验室，成为汤姆逊的研究生。据说，收到剑桥大学的录取通知书时，卢瑟福正在地里挖土豆以补贴家用。

　　他得知自己的命运即将被改变，便将手中的锄头扔掉，感慨道："这是我挖的最后一个土豆了！"在汤姆逊的指导下，卢瑟福发现铀原子可以天然放射出不同种类的射线（图 1-5-1），其中一种带正电的、速度差不多为 0.1 倍光速的射线被他命名为 α 射线。

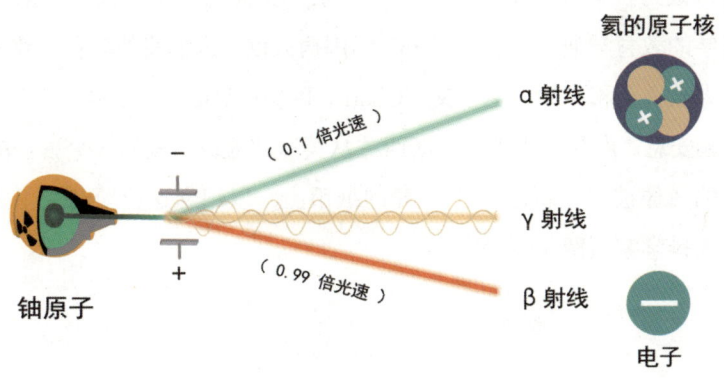

图 1-5-1 卢瑟福发现的 3 种射线。

这种射线由 α 粒子组成，人们计算出来它带有两个正电荷。

后来，我们知道它就是氦的原子核。另一种带负电的、速度近乎为光速（0.99 倍光速）的、有一定穿透力的射线被他命名为 β 射线。实际上，组成 β 射线的粒子就是他的老师汤姆逊发现的电子（β 射线就是阴极射线，只是来源不同，β 射线是天然放射出来的，阴极射线是人工制造的）。卢瑟福还预言了一种不带电的射线——γ 射线，它与 α 射线和 β 射线不同的是，组成 γ 射线的并不是实物粒子，而是一种电磁波，而传递电磁相互作用的就是爱因斯坦（Albert Einstein，1879—1955 年）提出的光子。另外，γ 射线具有很强的穿透力，人们利用这种特性制成了应用于医学的伽马刀。

卢瑟福在持续研究放射性的过程中，发现了放射性物质的衰变规律和半衰期，他也因此获得了 1908 年的诺贝尔化学奖。一个物理学家为什么会获得化学奖呢？据说，对于自己获得的是化学奖而不是物理学奖，卢瑟福也很意外地说道："世界上最大的化学变化就是我自己，因为一夜之间我就从一个物理学家变成了化学家。"

卢瑟福不仅自己是杰出的物理学家，还培养或指导过十多名诺贝尔奖获得者，成为桃李满天下的物理学"伯乐"。他的一生都孜孜不倦地致力于物理学的教育与研究，直到 1937 年因病去世。人们将他葬在伦敦的威斯敏斯特大教堂，和牛顿、达尔文（Charles Robert Darwin，1809—1882 年）等人一起安息。卢瑟福去世后，新西兰从英联邦脱离，成为一个独立的国家。卢瑟福的肖像被印在新西兰 100 元的纸币上，以纪念这位新西兰出生和长大的伟大科学家（图 1-5-2）。

新西兰

图 1-5-2 卢瑟福的肖像被印在新西兰 100 元的纸币上。

　　1911 年，卢瑟福通过著名的 α 粒子散射实验，提出了原子的核式结构模型，推翻了自己的老师汤姆逊的枣糕模型。实际上，1909 年的 α 粒子散射实验是卢瑟福指导学生盖革（Hans Geiger，1882—1945 年）和马斯登（Ernest Marsden，1889—1970 年）完成的，因此也有人将这个实验称作盖革－马斯登实验（图 1-5-3）。实验使用放射源中发射出的 α 粒子束（α 射线）去轰击真空室中一片很薄的金箔。金箔的四周放置了一圈荧光屏，这种屏幕和汤姆逊阴极射线实验中的荧光屏很像，一旦有粒子落到荧光屏上，粒子的落点处就会发光。物理学家们想知道 α 粒子轰击金原子后，α 粒子的轨迹是什么样子的，从而验证汤姆逊的原子模型是否正确。

　　卢瑟福从之前的实验中得知，α 粒子是一种速度很快、体积很小，而质量较大的粒子。假设原子就像汤姆逊所提出的，是一个结实的小球，里面均匀分布着正电荷和电子，那么金原子内的质量也是平均分布的。

　　因此，相对于 α 粒子而言，金原子的密度很小。那么，高速运动的 α 粒子就像是一颗子弹，撞击到静止不动的金箔就像是撞到一块木板上，α 粒子一定会迅速地直线穿过金箔，落到金箔后面的荧光屏上。即使 α 粒子正好撞击到电子上，由于电子的质量非常小（是 α 粒子的约 1/7000），也不会影响 α 粒子的运动轨迹。

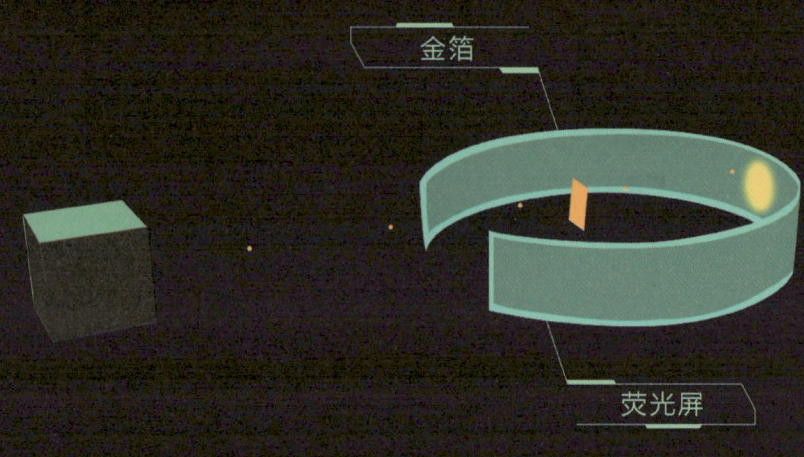

金箔

荧光屏

图 1-5-3 盖革 - 马斯登实验。

　　然而，在 1907—1908 年的类似实验中，卢瑟福发现，并不是所有 α 粒子都会直线穿过金箔，有些 α 粒子发生了角度比较小的偏转。这是怎么回事呢？一开始，卢瑟福认为这也许是 α 粒子刚好撞击到正电荷导致偏转，不能说老师汤姆逊的模型就是错误的。当时的实验中，卢瑟福只在金箔的后面放置了荧光屏，因此并没有发现偏转角度更大的 α 粒子。

　　卢瑟福凭借着科学家的直觉和严谨性，认为这种现象一定和原子结构有重要关系，便让他的学生对此进行深入研究。于是，在 1909 年，他们在实验装置的四周都布置了荧光屏，来探测 α 粒子是否可能发生更大角度的偏转。卢瑟福让盖革仔细统计 α 粒子的落点数据，把各种情况全部详细地记录下来。最终，1909 年 3 月，惊人的事情发生了——他们发现，部分 α 粒子的偏转角度非常大，落到了荧光屏的四面八方，甚至还有极少数

α 粒子的偏转达到了 180°，被直接从金箔反弹了回来（每 8 000 个 α 粒子中大约会有 1 个）。

卢瑟福对此震惊不已："这是我一生中最不可思议的事情，就像是你朝着一张纸发射一颗炮弹，炮弹却被反弹回来击中了你一样，令人难以置信！"

卢瑟福的这个实验给我们留下了一个启示：物理学的很多发现，都基于科学家们不断根据实验结果调整实验装置。如果卢瑟福没有改变荧光屏的位置，使得装置四周都有荧光屏，就不可能发现被弹回来的 α 粒子。今天在 CERN 进行的很多实验，也使用了全方位、立体覆盖的探测装置，以便更好地观测实验结果，不留漏网之鱼。

如何对上述的实验结果做出解释呢？卢瑟福提出了和汤姆逊截然不同的观点：首先，原子内部大部分是空的。这就可以解释为什么大部分的 α 粒子会直接穿过金箔。其次，原子的大部分质量带正电，集中在一个非常小的区域内。这就可以解释为什么只有少部分 α 粒子会发生偏转。而偏转有时又会非常大——碰撞的角度和位置不同，就会造成不同的偏转（图 1-5-4）。比如，碰撞到这个区域的边缘，偏转就小一些；碰撞到正中间，就会发生 180° 的极大偏转。

1912 年，卢瑟福提出了原子核的概念，至此，原子的核式结构模型就成型了：原子内部类似一个行星系统，带正电的原子核像太阳一样，位于原子中心一个非常小的区域；原子核外分布着电子，这些电子就像行星一样围绕原子核运动（图 1-5-5）。

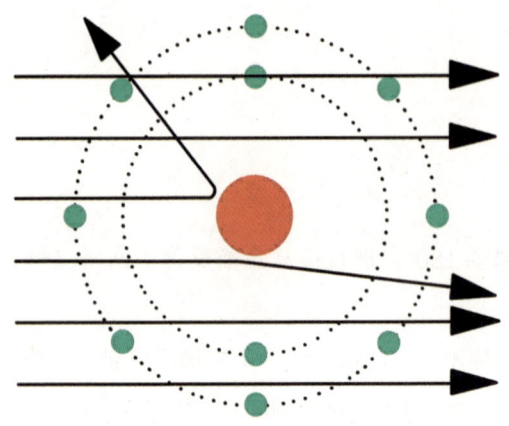

图 1-5-4 部分 α 粒子出现大角度偏转。

本着科学的实证精神，卢瑟福的模型也需要经受实验的检验。毫无例外地，他的模型又一次遭遇了新的挑战与考验。

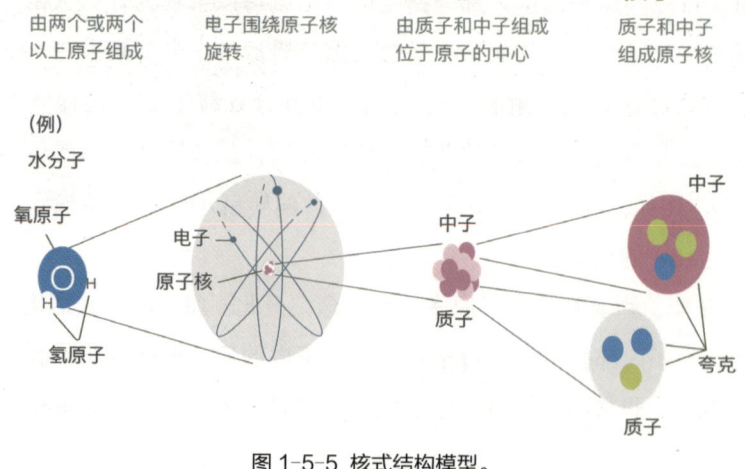

分子
由两个或两个以上原子组成

原子
电子围绕原子核旋转

原子核
由质子和中子组成位于原子的中心

核子
质子和中子组成原子核

（例）
水分子

氧原子

氢原子

电子

原子核

中子

质子

中子

质子

夸克

图 1-5-5 核式结构模型。

知识要点

汤姆逊提出了枣糕模型描述原子内部结构，卢瑟福通过 α 粒子散射实验，发现了 α 粒子轰击金箔时会发生大角度偏转，甚至有"炮弹打到纸上被弹回来"的情况，这证明汤姆逊的模型存在重大缺陷。

1

卢瑟福为了解释新的实验现象，提出了原子的核式模型，也被称为行星模型。即原子核集中了原子的大部分质量，它带正电，位于原子中心很小的一个区域；带负电的电子围绕着原子核运动。

2

课后习题

选择题：请选择最符合题意的一项或几项。

1. 以下哪些说法符合汤姆逊提出的原子模型（多选）？（ ）

    A. 葡萄干布丁模型   B. 枣糕模型

    C. 西瓜模型   D. 月饼模型

2. 卢瑟福发现铀原子可以天然地放射出不同种类的射线，比如 β 射线，人们已经知道 β 射线带负电，那么 β 射线最有可能是什么？（ ）

    A. 光子   B. 电子   C. 中子   D. 质子

3. 以下关于物理学家卢瑟福的描述，哪些是正确的（多选）？（ ）

    A. 卢瑟福的肖像被印在新西兰 100 元的纸币上，以纪念这位伟大的科学家

    B. 卢瑟福不仅自己是杰出的物理学家，还培养或指导了不少诺贝尔奖获得者

    C. 卢瑟福的 α 粒子散射实验推翻了汤姆逊的枣糕模型

    D. 卢瑟福提出的行星模型完美地解释了原子的结构

4. 在卢瑟福的 α 粒子实验中，卢瑟福发现了一个令人惊奇的现象，也就是：（ ）

    A. 所有的 α 粒子都直接穿过了金箔，落到了金箔后面的屏幕上

    B. 个别 α 粒子会被直接从金箔反弹回来（也就是偏转180°）

C. α 粒子是带负电的

D. α 粒子会消失不见

5. 卢瑟福的学生发现 α 粒子会发生偏转之后，在实验装置的四周都布置了荧光屏，于是发现了更加不可思议的实验现象，从中我们能获得什么启示？（　　）

A. 所有的实验都应该找学生替自己完成

B. 如果发现了一些出乎意料的实验现象，可以不用理会

C. 根据实验结果不断调整实验装置，可能带来更好的实验结果

D. 学生会把实验做错，所以所有的实验都应该自己亲自完成

6. 以下哪些说法符合卢瑟福提出的原子核式结构模型（多选）？（　　）

A. 原子里面存在一个带正电的原子核

B. 带正电的原子核像太阳一样，位于原子中心一个很小的区域

C. 带负电的电子像行星一样分布在原子核外面

D. 原子内的电子围绕原子核运动

答案：1. ABC；2. B；3. ABC；4. B；5. C；6. ABCD

延展阅读

关于 α 粒子散射实验的一些补充知识

1. 硫化锌荧光屏

该实验中使用的荧光屏是由硫化锌制成的，射线粒子会使硫化锌发出荧光的现象最早在 19 世纪 70 年代被发现，之后，人们就用这个特点来观察射线的落点。

后来，量子力学的发展使人们了解到，锌原子的次外层电子层并未排满，所以这些电子并不稳定，被其他粒子碰撞时就会受到激发而发生跃迁，电子跃迁时会释放能量，能量以电磁波的形式传播，就会产生可见的荧光（光就是一种电磁波）。

2. 金箔

实验中为什么要使用金箔呢？因为黄金是一种特殊的金属，它具有非常强的延展性和锻造性，可以被碾成厚度仅为万分之一毫米（即 $10^{-7}\,m$，原子的半径约为 $10^{-10}\,m$）的金箔。当用 α 粒子束轰击金箔时，由于金箔非常薄，就可以轰击到比较少层数的金原子。这有什么好处呢？其实就是可以保证，在 α 粒子的轨迹发生偏转的情况下，这种偏转不是因为撞到了很多层的原子被层层阻挡，而是因为单个原子本身的结构。这样，人们在实验中就能够专注于原子结构，而不用担心其他的外部因素干扰实验结果了。

3. 盖革计数器

盖革需要对 α 粒子的落点进行记录与统计，而那个时候是没有计算机的，所以他必须依靠自己的双眼，一刻不停地监视着实验装置，随时把自己观测的结果记录下来，而这一过程是十分漫长而枯燥的。有时候，实验一做就是一整天，而盖革就需要一整天都聚精会神地盯着实验装置来数数，但是人是会疲劳的，有时走神了或者眼花了，即使再认真，也难免会发生记录上的错误。

盖革为了更好地完成工作任务，一直在研究有没有什么好的办法来协助自己完成计数工作。他发明了一种计数器，根据射线对气体的电离性质设计而成。当有高速离子射入"盖革管"内，粒子的能量就会使管内的气体电离，产生短暂的气体放电现象，从而输出一个脉冲电流信号。根据这些信号，盖革计数器就能够统计出到底射入了多少粒子，从而完成计数工作。

后来，盖革和他的学生米勒（Walther Müller，1905—1979 年）对其进行了改进，计数器便可以用来探测所有的电离辐射。盖革计数器造价低廉、使用方便，能够探测并统计各种电离现象。虽然现在的高能物理实验已经普遍使用了更先进的探测设备，人们依旧会在日常生活中使用它，特别是在放射性防护方面，盖革计数器主要用来检测是否有放射性污染或辐射。

4. 关于预测 α 粒子会穿过金箔的详细解释

在汤姆逊的模型中，原子内部并没有真空的地方，为什么卢瑟福预测按照这个模型，α 粒子还是会穿过金箔呢？难道不是 α 粒子撞到了结实的原子实心球上被弹回来更合理吗？

如果按照汤姆逊的模型，原子内部都是均匀分布的电子和正电荷，那么它的质量也是均匀分布的，集中于原子中某一个点上的质量就很小；而 α 粒子非常小，它在撞击到金原子的时候，只会碰撞到其中的某一个小点，α 粒子的密度大于金原子中它撞击的那个地方的密度。另外，α 粒子的速度很快，而金箔是静止的。因此，我们使用了一颗子弹穿过一块木板的比喻来说明为什么 α 粒子会直接穿过金箔，而不是被弹到其他的地方去。

另外，只有原子中的正电荷才有可能对 α 粒子的运动产生明显的影响。如果正电荷在原子中的分布像汤姆逊模型那样是均匀分布的，穿过金箔的 α 粒子所受正电荷的作用力在各方向平衡，α 粒子的运动也不会发生明显改变。

5. α 粒子散射实验之后

1919 年，卢瑟福通过实验证明了原子核内还存在着质子，并预言了中子的存在。1932 年，他的学生查德威克（James Chadwick，1891—1974 年）通过实验发现了中子并获得了 1935 年诺贝尔物理学奖。他进行的一系列实验拉开了人工核反应的序幕，为核物理的研究与相关应用的发展做出了重要贡献。

卢瑟福模型的问题与玻尔的答案

上一节讲解了卢瑟福发现原子核的 α 粒子散射实验，并介绍了原子的核式结构模型。那么，卢瑟福的模型是不是还有什么问题呢？

为了更好地完善自己的模型，卢瑟福通过统计被原子核所散射的 α 粒子在不同角度的数量（比如，偏转 10° 的 α 粒子占全部 α 粒子的比例，偏转 30° 的 α 粒子占总数的比例，偏转 60°、180°……），然后反推出了原子核大小（实际上就是原子核力场范围的大小），这个数量级为 10^{-15} m。

原子的大小在 10^{-10} m 这个数量级上，因此原子要比原子核大 10 万倍。那么，这个大小如何去理解呢？假设一个标准的 400 m 跑道操场是一个原子，那么它的原子核差不多就像这个操场上的一只小蚂蚁那么大。而就在这只小蚂蚁的身上，集中了整个原子（整个操场那么大）99.95% 的质量。可想而知，原子核的密度是非常大的。

汤姆逊模型的一个优势就是能够解释原子的稳定性（正电荷与带同样数量的负电核的电子均匀分布在原子中，

正负电荷相互抵消，因此原子呈电中性，十分稳定）。卢瑟福的核式结构模型虽然解释了α粒子散射实验中的现象，却无法解释原子的稳定性：围绕着密度如此之大的带正电的原子核，带负电的电子是如何稳定地待在核外，而不逐渐掉落到原子核里去呢？

根据经典电磁理论中的麦克斯韦方程，运动的电子会产生磁场，磁场又能影响电子的运动从而影响电场，在电生磁、磁生电的过程中产生了电磁波。在卢瑟福模型中，绕核运动的电子将向周围发射电磁波，因此它的能量会不断减少。渐渐地，电子因为失去能量，速度减慢，最终会撞向原子核。而事实上，原子通常是在很稳定的状态。这就说明卢瑟福的原子模型和经典电磁理论发生了矛盾。

卢瑟福模型遇到的第二个问题比较复杂，需要我们首先了解一些和光谱相关的知识。

什么是光谱呢？1666年，英国科学家牛顿使用自制的三棱镜研究日光，发现白色的日光实际上是由不同颜色的光组成的，这就是被誉为物理学史上最美丽的实验之一的"光的色散实验"。牛顿将一个房间布置为暗室，也就是把门窗都遮住，只在

让光进来！

窗板上留一个圆形小孔，让一束阳光照射进来。

牛顿在阳光的路径上摆放了一个三棱镜，便看到在三棱镜后面的墙上出现了像彩虹一样的美丽鲜艳的七彩色带，他将这种彩色光带称为光谱。牛顿猜想，不同颜色的光在通过棱镜的时候会发生不同角度的折射，在偏转不同角度后出现在不同的位置。这就是光的色散现象。我们日常生活中看到的彩虹，也是一种色散现象：阳光从空气中的小水滴中穿过，小水滴就像棱镜一样，不同颜色的光发生了不同的折射。

现在，人们知道光是一种电磁波，不同颜色的光具有不同的波长和频率。光谱指的是复色光（比如白光）经过色散系统（如棱镜）分光后，被色散开的单色光按波长（或频率）大小依次排列的图案（图1-6-1）。

光谱有不同的种类，当光的颜色是连续分布的，也就是各种波长的光都有的时候，人们称这种光谱为连续光谱，如钨丝白炽灯的光谱。相对应的，由不连续的几条亮线组成的光谱，就叫作线状光谱。人们发现，将稀薄的气体接通高压电，气体就会发光，将这种光通过类似三棱镜的设备之后，可以观察到线状光谱（图1-6-2）。

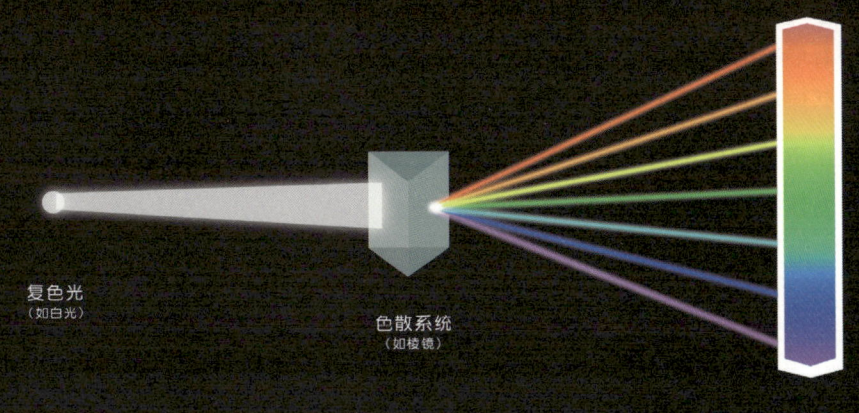

复色光
（如白光）

色散系统
（如棱镜）

图1-6-1 光谱。

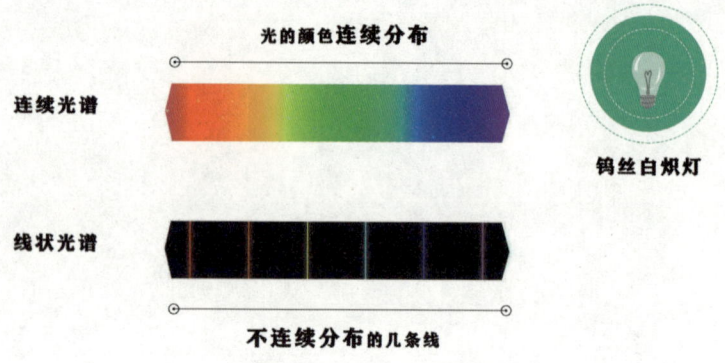

图 1-6-2 光谱的种类。

后来，人们发现，不同的气体通电后发光的线状光谱各不相同，而同种气体的一模一样。更多的实践证明，同种元素的原子产生的线状光谱是相同的，而不同的原子产生的线状光谱是不同的。因此，线状光谱又被称为原子的特征谱线。人们可以通过对线状光谱进行分析，来鉴别物质和确定物质的组成成分。光谱分析的灵敏度非常高，能够达到 10^{-13} kg 这个数量级（最少只需要 10^{-13} kg 的某种物质，就能被光谱分析检测到），因此有着广泛的应用。

原子发光与内部电子的运动息息相关。按照卢瑟福的模型，受到原子核正电荷的作用力，电子会绕核运动，向周围发出电磁波。这就能解释原子为什么会发光，因为光是一种电磁波。

随着电子失去能量、速度减慢，电子绕核运动的轨道会连续变小，它辐射出的电磁波频率也应该是连续的变化。因此，按照卢瑟福的模型，原子的光谱应该是连续光谱，但这和人们发现的原子线状光谱是矛盾的。这就是卢瑟福模型遇到的第二个问题。

那么，怎么才能解决这两个问题呢？卢瑟福的一个学生，来自丹麦的玻尔（Niels Bohr，1885—1962 年）在 1913 年发表了《论原子结构和分子结构》的论文，创造性地将量子力学中的概念和原子模型相结合（图1-6-3），为理论物理学做出了新的重大贡献。

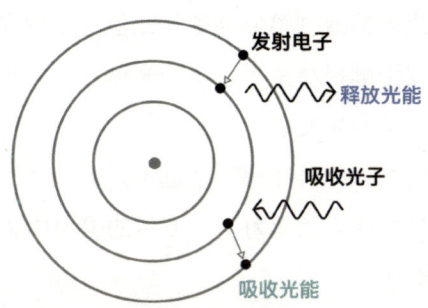

电子释放或吸收能量以在轨道间跃迁。

图 1-6-3 玻尔模型。

玻尔提出了 3 个假设。

第 1 个是定态假设：原子处于"定态"中，也就是处于一系列不连续的能量状态中，此时原子是稳定的，不会向外辐射能量（并不发光）。这就解释了电子为什么不会被原子核拽进去——因为电子在定态时很稳定。

第 2 个是跃迁假设：原子从一个定态（假设这时能量级别为 E_n）"跃迁"到另一个定态（能量为 E_m），跃迁时会辐射或吸收特定频率的光子（光子的能量就是两个能级的差：E_n-E_m），也就是会发出或吸收特定波长的电磁波。因为不同的原子只能做特定的"跃迁"，所以它的光谱是特定的线状。

第 3 个是轨道的量子化假设：原子的不同能量状态，跟电子的不同运行轨道相对应。原子的能量不连续，因而电子可能的轨道分布也就是不连续的了。

在这 3 个假设的基础上，玻尔利用经典电磁理论和牛顿力学，计算出氢原子核外电子的各条可能轨道的半径，以及电子在各条轨道上运行时原子的能量。他计算出来的数据恰好能够满足氢原子的光谱规律，也是物理学史上第一次通过理论解释清楚了原子的光谱为什么是线状的，他的理论也很好地解释了原子的稳定性。

那么，玻尔的模型就完美了吗？远远不是。比如，玻尔的模型在处理 2 个以上的电子的时候就无能为力了。玻尔的模型中依然保留了轨道运动这种经典物理学的概念。

实际上，电子在原子内的位置并不是确定的数值，而是一个概率，也就是说电子实际上是不存在运动轨道的。

至此，我们已经知道了原子里面不仅有电子，还有原子核，那么原子核是不是最小的物质单元呢？实际上，人们通过研究各种放射性现象，分析出原子核内部是具有结构的（而且大多数原子的原子核结构都很复杂）。也就是说，原子核里肯定还有别的东西。

知识要点

卢瑟福的原子模型遇到了两个问题，与经典电磁理论发生了矛盾。第一个问题是无法解释原子的稳定性，第二个问题是无法解释为什么原子的光谱是线状的而非连续的。

1

光谱就是被色散的单色光按波长（或频率）大小而依次排列的图案，人们利用光谱分析可以鉴别物质和研究物质的组成。原子发光产生的线状光谱还能帮助我们理解原子结构。

2

玻尔将量子力学的假说与原子的核式模型相结合，提出了 3 个假设：定态、跃迁和量子化，并给出了氢原子的电子轨道和相对应的能级。

3

课后习题

选择题：请选择最符合题意的一项或几项。

1. **卢瑟福的行星轨道模型，在按照经典电磁学理论解释电子轨道时，遇到了哪些问题（多选）?( )**

    A. 带负电的电子围绕带正电的原子核旋转时，会不断放出电磁波，损失能量，最终掉落到原子核里

    B. 带负电的电子围绕带正电的原子核旋转时，其运行轨道应该可以连续取值

    C. 多个带负电的电子围绕带正电的原子核旋转时，会互相撞到一起

    D. 电子的质量大于原子核，因此应该是原子核围绕电子转

2. **关于玻尔的电子轨道理论，以下正确的是（多选）：( )**

    A. 可以解释为什么电子轨道不是连续的

    B. 可以解释氢原子的光谱问题

    C. 可以解释一切已知原子的光谱问题

    D. 不能解释原子的稳定性

3. **在玻尔的电子轨道模型中，假设电子轨道是不能连续分布的。关于这一假设以下哪些是正确的：( )**

    A. 电子轨道是量子化的，其中的某些参数只能取一些特定的数值

    B. 电子轨道是量子化的，因此其行为规律完全无法预测

    C. 电子轨道是量子化的，因此对它的研究没有意义

    D. 电子轨道是量子化的，因此电子只能沿着直线走

4. 玻尔的电子轨道模型认为，原子发光时，其中的电子一定发生了能级跃迁，下列说法中正确的是：（　　）

　　A. 电子从高能量轨道跃迁到低能量轨道时，会以光子的形式释放出能量，其数值等于两个轨道之间的能量差

　　B. 电子可以不消耗或产生任何能量而在两个轨道之间反复横跳

　　C. 电子跃迁的轨道是连续的

　　D. 电子发生跃迁，是因为有魔法师念了魔咒

5. 关于玻尔的电子轨道理论对原子光谱的解释，下列说法正确的是（多选）：（　　）

　　A. 可以准确预言有一个电子的氢原子的光谱，甚至预言了一些当时尚未发现的谱线

　　B. 对于所有原子都可以准确预言

　　C. 光谱谱线的位置和电子跃迁的能量相关

　　D. 不能预言只有一个电子的氦离子光谱

答案：1. AB；2. AB；3. A；4. A；5. AC

延展阅读

光谱的知识补充

1. 光谱的分类表

		产生	特征
发射光谱	连续光谱	由炽热的固体、液体和高压气体发光产生的	由连续分布的、各种波长的光组成
	明线光谱	由稀薄气体发光产生的	由不连续的一些亮线组成
吸收光谱		高温物体发出的强光，通过物质后某些波长的光被吸收而产生的	在连续光谱的背景上，由一些不连续的暗线组成的光谱

2. 连续光谱的解释

炽热的固体和液体以及高温高压的气体产生连续谱，不能简单地用玻尔原子能级跃迁理论来理解。与稀薄的气体被电离不同，炽热的固体和液体以及高温高压气体原子核外电子分布更为复杂，且原子分布较为密集，由于原子之间的相互作用，将引起原子轨道能量的轻微变化，玻尔理论不再适用。从经典理论可以这样来解释，即原子周围的电子被电离，高速运动的电子与离子发生碰撞时会减速，在其周围产生急剧变化的电磁场，也就是电磁辐射。因为碰撞的过程和条件以及每次碰撞的能量变化都是随机的，而能量和光的频率成正比，频率和波长成反比，所以就会产生波长不同而且连续的电磁辐射，从而形成连续光谱。

3. 太阳光谱

牛顿的色散实验看到的太阳光谱实际上是比较粗糙的，因为他的观察设备非常简单，就是靠眼睛直观地看。将近 150 年后，德国光学家夫琅和费（Joseph von Fraunhofer，1787—1826 年）将一个通透性更好的三棱镜放在一架小望远镜前面，用来观测太阳光，发现太阳光中存在很多条暗线。后来，他认识到这些暗线实际上是吸收线，相当于物质燃烧发出的火焰的线状光谱中的亮线（即发射光谱）。也就是说，太阳燃烧发出的白光，在通过太阳大气层的时候，大气层中的一些物质将特定波长的光吸收了，所以留下了这些暗线。人们只要将这些暗线跟各种原子的特征谱线进行对照，就能够推断出太阳大气层中含有氢、碳、氧、氮、钙、铁等物质。

4. 光谱分析的应用

历史上，人们通过光谱分析发现了许多新元素。比如，铷和铯就是人们从光谱中看到了以前所不知道的特征谱线而被发现的。光谱分析对研究天体的化学组成也很有用，比如行星或太阳含有哪些物质。另外，人们可以通过观察宇宙中的光谱来推断宇宙的背景温度，从而研究宇宙的历史，并发现宇宙正在不断加速膨胀的证据。

另外，在艺术品鉴别上，人们可以利用光谱分析来判断艺术品的材质，从而确定艺术品的真假。比如，唐卡是藏族文化中的一种绘画形式，它大量使用金、银、珍珠、玛瑙、珊瑚、松石、孔雀石、朱砂等珍贵的矿物和宝石，以及藏红花、蓝靛等植物为颜料，以显示其神圣。收藏家们可以通过光谱分析来鉴别唐卡的颜料成分，从而判断它的真伪和价值。

关于电子的跃迁

电子到底是怎么跃迁的呢？如果你喜欢玩游戏或者读科幻小说，肯定听说过类似"传送""瞬移""闪现"之类的说法。电子的跃迁就有点像这类神奇的技能，它会瞬间出现在目的地，而人们也不知道它是通过什么路径到达的。

第
2
章

核物理的研究与应用

第一节
放射性现象与居里夫妇

　　在前面的章节中，我们探究了是什么构成了物质世界。从两三千年前的古希腊时期到 20 世纪初，最早德谟克利特提出了古典原子论，亚里士多德提出了"四元素说"，18 世纪拉瓦锡提出新的元素概念，19 世纪初道尔顿提出了原子理论，19 世纪末汤姆逊发现了阴极射线就是电子，20 世纪初卢瑟福根据 α 粒子散射实验提出了原子的核式结构模型，接着玻尔将量子力学引入原子模型、解释了氢原子的线性光谱现象。我们学习了许多伟大的科学家是如何通过实验革旧图新、改变了人们对物质世界的认识，也了解到实验对于科学发展的重要性，从中体会到了科学精神。

　　物理学除了不断加深人们对物质世界的认识，作为一门自然科学，它还有什么作用呢？物理学推动了社会的进步，帮助人们更好地工作和生活。例如，医院里的放射科，就是应用了物理学家们发现的辐射现象。现在，无论是摔跤了去照个 X 光片，还是通过胸部 CT 来判断是否感染新冠病毒，医生都能迅速地作出诊断，从而避免了治疗时机的延误。另外，放射性在治疗癌症、精确切除病变组织等方面都有着突出的贡献，比如伽马刀、质子疗法、重离子疗法等，使得很多曾经的不治之症有了治愈的可能，人们的生活质量大大地提高了[12—15]。除了在医疗领域方面的应用，利用放射性还能够帮助公安部门排查安全隐患，比如坐飞机、乘高铁的时候，需要通过安检仪器和各种设备，充分保障了旅客的人身安全[16]。那么，放射性现象是怎么回事？是谁发现的呢？

1896 年，法国物理学家贝克勒尔（Antoine-Henri Becquerel，1852—1908 年）首先发现铀元素中可能产生一种辐射，这种辐射人眼看不到，却可以使摄影的底片曝光。后来，著名的女科学家——居里夫人给这种现象起了个名字，叫作"放射性"现象。

玛丽亚·居里（Marie Curie，1867—1934 年）是第一位诺贝尔奖女性获得者，她还是第一位两次诺贝尔奖的获得者，并且是至今唯一在两个不同科学领域（物理和化学）获得诺贝尔奖的人。她出生在波兰华沙的一个教师家庭，父亲是物理和数学老师，启蒙了她对自然科学的好奇和热爱。玛丽亚从小就成绩优异，15 岁高中毕业的时候，还得到了金质奖章。之后，法国巴黎索邦大

让你看看我骨感美！

学给了玛丽亚继续学习物理、化学、数学的机会，由于家里没有足够的钱同时支持玛丽亚和姐姐在巴黎深造，玛丽亚花了好几年的时间，通过不间断地做家教、辅导员等方式才终于攒够了学费。1891 年，24 岁的玛丽亚只身离开了祖国，来到巴黎求学，她的生活依旧十分清苦：她白天上学，晚上为别人辅导功课，却也只是刚刚能用面包填饱肚子，甚至冬天因为没钱烧炉子生火，只得穿上全部的衣服才能勉强取暖。

就像 24 岁的卢瑟福挖完他人生中的最后一个土豆，离开新西兰去英国剑桥求学，从而走上了"开挂"一般的研究道路那样，玛丽亚也在巴黎开启了她的崭新人生。1894 年，玛丽亚拿到了物理学和数学的双学位顺利毕业，更重要的是，她在科研工作中遇到了自己一生的挚爱——巴黎大学理学院教授皮埃尔·居里（Pierre Curie，1859—1906 年），两人因为对科学的共同热爱与激情而彼此吸引、情投意合。心系祖国的玛丽亚本想回到波兰继续科研，皮埃尔也甘愿陪她回家，甚至这位堂堂的大学教授已经做好了在波兰只能教教法语的准备，可见他对玛丽亚的深情。不过，玛丽亚最

科学让我们相遇！

后还是采纳了皮埃尔的建议，开始在巴黎大学攻读博士。很快，玛丽亚与皮埃尔结为夫妇，开始了共同的研究和生活。当时，发现铀矿可以自发性地产生辐射的贝克勒尔就在巴黎，他的研究让居里夫妇产生了兴趣。居里夫妇虽然生活清贫，研究条件也十分有限——只有一间极为简陋的、冬天像冰柜、夏天像蒸笼的实验室（有人评论说是"介于牲口棚子和土豆地窖之间的一种东西"），但他们每天做着自己感兴趣的工作，无话不谈、乐此不疲，可以称得上是科学界的神仙眷侣和模范夫妻。据说，居里夫妇的家里只有两把椅子，他俩一人一把，这样，客人来了没地方坐，只能站着，就不会停留太长时间，也就不会占用他们过多的时间来应酬，这才是真正的"二人世界"呀！

随着研究的深入，居里夫妇发现，除了铀盐，沥青铀矿实际上也存在这种辐射，居里夫人给这种辐射起了名字，叫作"放射性"。居里夫妇还发现，沥青铀矿的放射性比铀本身的放射性强很多。这是怎么回事呢？他们认为，沥青铀矿中除了铀，一定还包含着一些具有更强放射性的其他元素。通过漫长而艰苦的研究，居里夫妇成功地找到了两种新的放射性元素：钋和镭。1903 年，居里夫妇和贝克勒尔因为对放射性现象研究的贡献共同获得了诺贝尔物理学奖。据说，一开始诺贝尔委员会只准备颁奖给皮埃尔和贝克勒尔两人，是皮埃尔向评审委员会据理力争，说明了妻子的重要贡献，才为她赢回了公正 [17]。他们发现的第一种放射性元素被命名为"钋"，也是为了纪念居里夫人的祖国波兰。

1911 年，居里夫人获得了她的第二个诺贝尔奖——化学奖，这一次是因为她发现了两种新元素并成功地完成了提纯的工作。可惜的是，皮埃尔早已在 5 年前的一次交通事故中去世。

1914 年，第一次世界大战爆发，居里夫人作为科学界的风云人物，并没有选择深居简出、独自避难，而是亲自驾驶自己研制的战地救护车。这种救护车配备了 X 光机，可以方便地进出战场，诊断和救治伤员，这也是世界上第一部可以灵活移动的 X 光机。在她的倡议和指导下，人们开始将放射性知识应用到医学领域，大大推动了医疗诊断的发展。

由于常年对放射性的研究而没有注意到放射性防护，居里夫人受到了过量的辐射侵害，最终患上了白血病。1934 年，她在法国去世，人们在她的棺椁中加入了铅，避免其他人受到其体内的放射性物质的伤害。正如卢瑟福被英国人葬在伦敦威斯敏斯特大教堂一样，法国政府于 1995 年将居里夫妇二人移葬到了巴黎的先贤祠。居里夫人是历史上第一位获此殊荣的女性，她在那里和伏尔泰（Voltaire，1694—1778 年）、卢梭（Jean-Jacques Rousseau，1712—1778 年）、雨果（Victor Hugo，1802—1885 年）、朗之万（Paul Langevin，1872—1946 年）等人一起安息，并接受后人的敬仰和祭奠[18]。

那么，放射性到底是什么呢？

放射性指的就是元素从不稳定的原子核中自发地放出射线。

放射性不受元素的物理状态和化学状态影响，也就是说，放射性现象一定是因为原子核里还有更深层次的结构，这种结构有可能是非常复杂的。放射出的射线可能是实物粒子（比如 α 粒子——氦的原子核、β 粒子——电子），也可能是以电磁波方式射出的能量（比如 γ 射线，它是由叫作光子的基本粒子组成的）。

放射性分为天然放射性和人工放射性。天然放射性，顾名思义，就是指一些元素天然就会发出射线，比如铀或居里夫妇发现的钋和镭。后来，人们发现原子序数在 83 或者以上的元素都具有放射性。那么，这些天然放射的射线是什么呢？卢瑟福曾经提到三种射线：带正电的 α 射线、带负电的 β 射线和不带电的 γ 射线。实际上，天然的情况下，元素只会放出这三种射线。卢瑟福还发现，具有放射性的元素在放出射线后会变得较为稳定，这个过程被他称为放射性衰变。放射出 α 粒子就是 α 衰变，放射出 β 粒子就是 β 衰变。

人工放射性，指的就是人为地用某种方式轰击元素，使得本身不具有放射性的元素能放出射线。

居里夫妇的大女儿和女婿，约里奥 - 居里夫妇（也被称为小居里夫妇）[1]，1934 年发现用 α 粒子轰击铝箔，可以使铝的原子核发生核反应，从而产生一种带有放射性的元素（也就是带放射性的磷，而天然磷是不具备放射性的）。这是人类历史上第一次通过人工方式制造出具有放射性的元素，他们也因此获得 1935 年的诺贝尔化学奖[2]。

今天，许多物理研究和应用的领域，都利用了人工放射性，包括原子弹、核电站等。对放射性的研究让物理学家意识到原子核里还有其他结构。那么，原子核里到底还有什么东西呢？

1　居里一家在科学上和历史上都是一个极其独特的家庭。一方面，他们家在诺贝尔奖的 120 多年的历史上，几乎空前绝后地共 5 人 6 人次登上 4 项诺贝尔奖的崇高领奖台。
2　向读者推荐由湖南科学技术出版社 2011 年出版发行的《居里一家：一部科学史上最具有争议家庭的传记》一书，其中"译者序"的第一句就是以上脚注 1 所阐述的[18]。

知识要点

放射性现象在日常生活中有很多的应用，如医学领域里的 X 光诊断、CT 扫描，使用放射性疗法治疗肿瘤、癌症等，还有安保领域里的安检设备等。这充分表明物理学的发展能够改变人们的生活，提高人们的生活水平和质量。

1

放射性现象最早由法国物理学家贝克勒尔发现，著名的居里夫妇对此进行了深入的研究。居里夫人作为女科学家，在科学界普遍较为歧视女性的环境下为放射性研究做出了重大贡献，证明女性并不是天生不适合科学研究。

2

放射性分为天然放射性和人工放射性两种。天然放射性就是元素自然发生衰变现象，人工放射性则是人为轰击元素的原子核，使元素放射出射线。射线由粒子组成，天然放射性现象只会放射出 α 射线、β 射线和 γ 射线。

3

课后习题

Q1 选择题：请选择最符合题意的一项或几项。

1. 以下哪些技术应用与物理学家发现的放射性现象有关（多选）？（　）

    A. 骨折了，去医院拍 X 光片

    B. 怀疑自己脑子里长肿瘤了，去医院拍脑部 CT

    C. 坐火车、飞机前都要把行李放进安检机器里检查

    D. 报名伽马刀、质子疗法、重离子疗法课程可以迅速提高英语考试的成绩

2. 关于辐射现象，以下哪些说法是正确的（多选）？（　）

    A. 铀元素可以产生一种人眼看不到，却可以使摄影底片曝光的辐射

    B. 伦琴因为首先发现了 X 射线获得了 1901 年的诺贝尔物理学奖

    C. X 射线对人体有害

    D. 电脑和手机散发的辐射对人体存在巨大危害，应该停止使用电脑和手机

3. 以下关于居里夫人的说法，哪些是正确的（多选）？（　）

    A. 玛丽亚·居里是第一位诺贝尔奖女性获得者，她曾经两次获得诺贝尔奖

    B. 居里夫人和丈夫一起发现了钋和镭这两种放射性元素

    C. 因为居里夫妇在波兰工作，所以她给自己发现的第一种放射性元素命名为"钋"

    D. 居里夫人研制出了配备 X 光机器的救护车

4. 人们发现元素可以从不稳定的原子核自发地放射出射线，而且这种放射性不受元素的物理、化学状态影响，这说明：（　　）

　A. 所有的原子核都是不稳定的

　B. 所有的原子核里还有更深层次的结构

　C. 放射性是商人为了骗钱编出来的，并不真实存在

　D. 所有放射出的射线都是实物粒子

5. 关于人工放射性和天然放射性的说法，以下哪种说法是正确的？（　　）

　A. 人工放射性就是人通过发功将放射性强加给元素

　B. 所有的元素都具有天然放射性

　C. 天然放射性只能放射出三种射线：α 射线、β 射线、γ 射线

　D. 小居里夫妇使用 α 粒子轰击铝箔，可以产生带有放射性的磷，这就是天然放射性

6. 以下关于物理学家的说法，哪个是错误的？（　　）

　A. 实验物理学家会仔细观察并记录实验中发现的现象

　B. 物理学家往往需要经过长时间的艰苦努力，才可能对物质世界有更深的认识

　C. 物理学家往往会对自己的研究充满激情与热爱

　D. 物理学家中很少有女性，说明女性不适合搞科学研究

答案：1. ABC；2. ABC；3. ABD；4. B；5. C；6. D

Q2 连线题

请将下面 2 列中的内容连线对应起来。

A. 居里夫妇　　　　　　　　1. 发现原子核

B. 卢瑟福　　　　　　　　　2. 发现 X 射线

C. 汤姆逊　　　　　　　　　3. 发现钋和镭

D. 伦琴　　　　　　　　　　4. 发现电子

答案：A（3），B（1），C（4），D（2）

延展阅读

关于 X 射线（X 光）

居里夫人对 X 光应用于医学诊断做出了重要的贡献，但是 X 射线实际上并不是她最早发现的，这一功劳应归属于德国物理学家伦琴（Wilhelm Conrad Röntgen，1845—1923 年）。伦琴也因为首先发现 X 射线，获得了 1901 年的诺贝尔物理学奖。值得一提的是，诺贝尔奖是诺贝尔在 1900 年设立的，而 1901 年恰好是诺贝尔奖评选和颁发的第一年。

那么，X 射线是怎么被发现的呢？19 世纪 90 年代，对阴极射线相关的研究成为一种时髦。1894 年，伦琴也在研究阴极射线，使用的设备和汤姆逊等人的差不多，都是将真空玻璃管中通入高压电流来观察射出的东西。伦琴发现，阴极射线碰在管壁上会发出一些荧光，而且玻璃管外面好像也有这种荧光。此时的伦琴还不知道这种荧光就是 X 射线，他可能以为是实验装置的问题而导致的漏光。到了 1895 年，伦琴用黑色的硬纸板把真空管严密地包好，防止漏光的现象发生，并拉上了窗帘，使房间一片漆黑，以便更好地观察实验现象。然而，他意外发现，附近的工作台上有一块涂了氰亚铂酸钡的纸板发出了一些荧光。这个纸板实际上和荧光屏很像，有微小的光打到上面就会发亮。

伦琴切断真空管里的电流，这种荧光就没了，说明正是阴极射线实验中射出来的东西穿过了黑纸板打在感光屏上。在 1895 年最后的两个月里，伦琴在工作室里夜以继日地工作，期待更好地解释这种射线，他隐隐约约感到自己的工作可能开启物理学的新篇章。实验中，伦琴用厚书、模板、几厘米厚的橡胶、水和其他液体甚至薄的金属板挡住感光屏，却发现这种射线能穿过所有的这些东西！当然，使用厚一点的金属板或者铅做的板子（1.5 mm 厚的铅板），这种射线就无法穿过了。去拍 X 光片时，在不需要照射的地方都会穿上铅制的防护装置，就是因为铅可以挡住 X 光。伦琴又把感光屏拿到距离阴极射线管较远的地方，比如隔壁的房间，发现即使隔着几米，感光屏依然在发光！

有一天，他又偶然发现，如果把手挡在感光屏前面，屏幕上居然出现了清晰的手的骨骼影像！经过多次实验观察后，1895 年 12 月底，伦琴发表了《关于一种新的射线》，并将这种神秘的射线命名为 X 射线，就像是数学中我们用 X 来代表未知数。X 射线的发现立即引起了巨大的轰动，许多物理学家争相重复伦琴的实验，并给予了伦琴高度的评价。

后来，物理学家发现，X 射线的本质就是一种能量极高、波长极短的电磁波（它只比能量最高的 γ 射线低一些），它的本质和可见光一样，都是由光子组成的，只是组成它的光子能量更高，所以能够穿透很多物质。那么，X 射线是从哪来的呢？电子轨道跃迁会放出或吸收能量，而这些能量以光子的形式发生。所以可以简单理解为，原子核外的电子吸收了能量就会释放出光子，当这一能量足够大的时候，光子就会组合成 X 射线这样的高能电磁波。阴极射线实验中，高压电流使高能量的电子打入物质的原子核附近，扰乱了这个原子的电子层，从而激发出了 X 射线。

当然，X 射线对人体是有危害的，它的能量很高，可以打入组成 DNA、蛋白质、细胞等的原子，撞飞本来好端端的电子，从而破坏它们原本的功能。暴露在过量的 X 射线之下，就可能有更多的重要生命结构被破坏。由于高能射线对 DNA 有破坏作用，可能导致细胞复制的过程全部错乱，所以孕妇或者备孕的妇女都要尽量避免拍 X 光。

第2节

撞碎原子核：质子和中子的发现

为什么元素会存在放射性？为什么原子核里会放出射线呢？这实际上涉及原子核里有什么东西的问题，只有搞清楚原子核里的结构，我们才能更好地理解放射性现象。

那么，怎么搞清楚原子核里的结构呢？当然是继续做实验了！你还记得卢瑟福的 α 粒子散射实验吗？（他的实验中使用的 α 粒子实际上就是来源于居里夫妇发现的镭。）卢瑟福是这样思考的：有没有什么方式，可以让 α 粒子不被原子核弹回来，而是把原子核撞碎呢？如果能把原子核撞碎，分析一下碎片的性质，不就知道原子核里有什么东西了吗？

这里实际上涉及两个概念，就是弹性散射和非弹性散射。弹性散射中，相撞物体之间只是交换了一下能量，物体本身的类型和它们内部的运动状态并没有发生任何改变。比如，α 粒子被原子核弹回来，就是一种弹性散射。我们可以近似地把它理解成，就像是把一个乒乓球扔到墙上，乒乓球被弹回来，墙和乒乓球都好端端的，谁也没变：墙还是墙，乒乓球还是乒乓球。卢瑟福想要尝试的，是非弹性散射，也就是相撞物体间不仅交换了能量，物体内部的状态也在碰撞过程中有所改变，从而转化为其他的物体。要想实现这一点，就好比开着一辆高速行驶的汽车去撞墙，汽车不会弹回来，而是把墙撞塌了，墙变成了一块块碎砖头，汽车的保险杠也被撞掉了。分析一下碎了的砖块，我们就能知道墙是什么做的了。

那么，用什么轰击原子核，才能把它撞碎呢？原子核非常小，假设一个标准的400m 跑道操场是一个原子的话，那么它的原子核差不多就像这个操场中的一只小蚂蚁那么大。

如果由这些操场大的原子组成一个樱桃，这个樱桃就要比太阳系中最大的行星——木星还要大。这么小的原子核，我们不可能用太大太重的东西去轰击，否则就像是开着汽车去撞一粒灰尘一样，根本撞不到。因此，物理学家们必须采取另一种方法：使用同样很小的粒子去撞原子核，但是这些粒子的速度必须非常快。这其实就是高能物理中非常重要的研究设备——粒子加速器的由来。当然，从产生制造加速器的想法，到第一台加速器真正制造出来，还有很长的一段岁月。

在没有加速器的时候，物理学家也能通过对实验进行巧妙的设计实现撞碎原子核并观察碎片的目的。1919 年，卢瑟福做了用 α 粒子撞击氮原子核的实验。他是怎么做的呢？首先，卢瑟福选择了一种放射出 α 粒子速度较快的元素，也就是居里夫妇发现的镭。然后，卢瑟福使用了相对原子质量（简称原子量）较小的元素，如氢气、氮气作为被轰击的对象，因为这些元素所带的正电荷比较少，对 α 粒子的斥力也就小一些。这可以近似地理解为：用一把锤子去砸一个核桃，可以较容易地砸碎核桃，但是用锤子去砸一个同样大小的实心钢珠，锤子就会被弹开而无法砸碎钢珠，因为钢珠的密度远远大于核桃。金、铝、二氧化碳的原子量都比较大，因此 α 粒子很难打碎它们的原子核，而是撞到原子核上就被弹开了。

在实验中，卢瑟福使用了一个抽成真空的容器，让高速 α 粒子射到一片很薄的铝箔上，在铝箔后面放置了荧光屏，并用显微镜来观察荧光屏上是否出现闪光。通过调整铝箔的厚度，使得 α 粒子能够被铝箔完全挡住而不能透过，这时荧光屏上将不会出现任何闪光。通过阀门，往容器中 α 粒子与铝箔之间通氮气后，他却从荧光屏上观察到了闪光。

这表明，一定是 α 粒子击中氮原子核后产生了一种新粒子，它的穿透力极强，速度也比较快，从而可以穿过铝箔落到了荧光屏上，引发了闪光。

随着更深入的研究，卢瑟福把这种粒子导入电场和磁场，发现它所带的正电荷和一个电子所带的负电荷相等。就像之前汤姆逊做的那样，根据粒子在电场和磁场中的偏转，卢瑟福计算出了这种新粒子的荷质比，确定了它就是氢的原子核。卢瑟福给它起名为"质子"。后来，卢瑟福用同样的方法轰击了其他原子量较小的原子核，发现它们都能产生质子，这就说明质子是原子核的组成部分。

就这样，卢瑟福成功地撞开了原子核，发现了新的粒子。那么，中子又是怎么被发现的呢？电子的质量非常非常小，几乎只占整个原子质量的 0.05%，而人们通过测量质子的质量，发现氦原子的原子量是 4，它有 2 个电子，为了保持电中性，应该有 2 个质子，而这 2 个质子的原子量只有 2。这就说明一定还有别的新东西，同时这种新东西不能带电。因此，卢瑟福在发现质子的第二年（1920 年）就预言了中子的存在。

然而，直到 1932 年，卢瑟福的学生查德威克才通过实验发现了中子。为什么隔了 12 年才发现中子呢？主要是由于中子不带电，不会受到电场或磁场的影响，也就较难检测或者控制它。另外，中子从原子核里被撞出来之后并不是很稳定，在 8 分钟左右，就有一半的中子衰变为质子、电子、中微子等，这也增大了人们观测它的难度。

约里奥 - 居里夫妇（即小居里夫妇）获得了 1935 年的诺贝尔化学奖，是因为他们第一次人工制造出了具有放射性的元素。

由于中子不带电，不会受到电场或磁场的影响，也就较难检测或者控制它。

其实在查德威克发现中子之前，小居里夫妇用 α 粒子轰击铍原子，观察到了一种中性射线，但是他们将它误认为是一种类似 γ 射线的电磁波，走向了错误的研究道路。查德威克在看了小居里夫妇的论文后，一下就来了灵感，想起来这可能就是自己的老师卢瑟福预言的"中子"，于是抓紧时间进行实验，最终证明了中子的存在，他也因此获得了 1935 年的诺贝尔物理学奖。

如果小居里夫妇当初看了卢瑟福对中子做出预言的论文，就会再收获一个诺贝尔奖吧（当然，还没有人在同一年同时获得两个领域的诺贝尔奖的先例）。这也说明，实验物理学家不仅要关注自己在具体实验方面的情况，也应该密切关注理论物理界一些可能相关的理论和预言。物理学的发展需要实验物理和理论物理之间不断的交流和合作，才能更好地将实验中的结果与各种理论进行对比。CERN 就采取了全球化的多元合作模式，来自约 80 个国家的数百个研究机构参与了 CERN 的研究工作，13 000 多名物理学家和工程师共同努力，不断推动着物理学的进步。

查德威克对中子进行研究，发现由于中子本身不带电，它在穿过原子核时不会受到原子核内正电荷的斥力作用。α 粒子不能撞碎原子量大一些的元素，就是因为受到的斥力比较大，会被弹开，而中子恰好没有这种电斥力带来的烦恼，可以比带电粒子更容易撞碎原子核，从而产生巨大的裂变能（见下一节）。当人们把这种能量有控制地释放出来，就成了造福人类的核能。如果瞬间释放出来，就是核爆炸。核爆炸用于战争就能制成可怕的武器——原子弹。

知识要点

1

物理学家需要撞碎原子核来研究原子内部的构造，这实际上利用了一种非弹性散射原理，也就是在碰撞中，两个粒子之间不仅发生能量交换，还改变了自身的性质和运动状态。

2

卢瑟福使用速度较快的 α 粒子去轰击原子量较小的元素（其原子核内正电荷对 α 粒子的斥力较小的元素），如氮、氢等，撞碎了它们的原子核，发现了其中的质子。他的学生查德威克通过进一步的研究，发现了中子。

3

同种元素具有同样的质子数，但中子数可能不同，这就是同位素。人们利用带有放射性的同位素可以追踪物质的运行和变化规律，特别是在医学诊断、考古、地质探测等方面有着重要的应用。

课后习题

1. 以下哪种方式能够最有效地帮助人们搞清楚原子核里的结构？（　　）

    A. 去香火最旺的庙里求个签，根据结果来推测原子核里的结构

    B. 将原子核结构是什么的问题用电磁波发射到宇宙中去，等待外星人的回答

    C. 从《论语》《易经》《诗经》等典籍中查找古人留下的智慧

    D. 通过设计一个巧妙的物理实验，将原子核撞碎，研究碎片是什么东西

2. 关于弹性散射和非弹性散射，以下哪些说法是正确的（多选）？（　　）

    A. 把乒乓球扔到墙上，乒乓球被弹回来，墙和球都好好的，这就是弹性散射

    B. 让高速行驶的汽车撞墙，墙被撞坏了，汽车也撞坏了，这是非弹性散射

    C. 用 α 粒子轰击金箔，α 粒子撞到金的原子核被弹开，这是弹性散射

    D. 用高速 α 粒子轰击氮气，α 粒子可以把某种新粒子从氮的原子核中撞出来，这是非弹性散射

3. 关于原子的结构，以下哪种说法是正确的？（　　）

    A. 所有的原子都由带负电的电子和带正电的质子构成

    B. 原子核由带正电的质子和带负电的电子构成

    C. 原子由带正电的原子核和带负电的电子构成

    D. 原子核由带正电的质子和带负电的中子构成

4. 约里奥 - 居里夫妇用 α 粒子轰击铍原子，观察到了一种中性的射线，但是他们将其误认为是类似 γ 射线的电磁波。查德威克了解了小居里夫妇的实验后，认为这很可能是老师卢瑟福预言的"中子"，并通过实验证明了中子的存在，获得了诺贝尔物理学奖。我们从中可以得到什么启示？（　　）

A. 做实验研究应该闭门造车，闷头做事，而不要被别人做的实验干扰

B. 实验物理学家不仅要关注实验的情况，也应该关注理论物理界相关的理论进展

C. 是否能够得到物理学的新发现完全和人的运气有关

D. 不需要了解实验进展，只要对物理学理论了如指掌，就能得到诺贝尔物理学奖

5. 以下哪些说法能够解释为什么在卢瑟福的实验中，α 粒子只能撞碎原子量小的原子核（多选）？（　　）

A. 在卢瑟福的实验中，α 粒子会受到原子核的引力，原子量越大的原子核引力越大，因此 α 粒子会被吸到原子核里面去

B. 在卢瑟福的实验中，α 粒子会受到原子核内质子的电斥力，原子量大的原子核中包含的质子更多，因此 α 粒子受到的电斥力也越大

C. 在卢瑟福的实验中，卢瑟福使用的 α 粒子太小了，无法撞到原子量大的原子核

D. 在卢瑟福的实验中，卢瑟福使用的 α 粒子能量不够高，无法撞碎原子量大的原子核

6. 以下关于同位素及半衰期的说法，哪些是正确的（多选）？（ ）

A. 同种类的元素的质子数是相同的，但是中子数可能不同，中子数不同的同种元素就是这种元素的同位素

B. 有些同位素具有放射性，这可以带来一种重要应用——同位素标记法

C. 半衰期指的是放射性元素的原子核发生衰变（放出射线）所需要的时间

D. 人们可以通过检测化石中的碳-14 含量，来推算它的大概年龄，这被称为碳-14 测年法

7. 以下哪种说法能够最好地解释为什么物理学家需要研制越来越强大的加速器？（ ）

A. 越强大的加速器就拥有越大的对撞能量，这一能量越高就有更高的概率撞出新奇的东西

B. 物理学家需要用更强大的加速器加速工作时使用的电脑

C. 越强大的加速器个头就越大，物理学家就可以有更大的办公空间

D. 物理学家需要用更强大的加速器加快论文的评审过程

答案：1. D；2. ABCD；3. C；4. B；5. BD；6. ABD；7. A

延展阅读

同位素

知道了原子核中有质子和中子，就可以简单介绍一下同位素的概念。同样的元素，它的质子数是相同的，但是中子数可能不同，这些中子数不同的同种元素就称为同位素。

同位素具有类似的化学性质，化学性质是由核外电子决定的，同位素的质子数相同，核外电子数也相同，所以化学性质类似。有的同位素具有放射性，而且人们发现每一种元素都有放射性同位素。有些放射性同位素是自然界中存在的，有些是人工制造出来的。人工制造出来的放射性就是我们提到的约里奥－居里夫妇发现的人工放射性。这就带来了一种非常重要的应用——同位素标记法。比如，病人服用含有碘-131（碘的一种放射性同位素）的试剂后，医生可以通过观察碘-131放射性的踪迹来检测它被甲状腺吸收的情况。如果甲状腺功能很强，检测到碘-131放射性的踪迹就比正常数值大。反之，检测到碘－131放射性的踪迹就比正常数值小。这样，医生就能够判断人体甲状腺的功能，诊断是否患有甲亢、甲减等疾病。

核反应方程式

首先，我们看一下如何表达原子核。

我们可以用这样一个核反应方程式来描述卢瑟福的实验：氦的原子核轰击氮气，使得氮气转化为氧离子和一个质子（氢的原子核）。

$$^4_2He + ^{14}_7N \longrightarrow ^{17}_8O + ^1_1H$$

镭→α粒子　　　　　　　　　　　质子

其中，氦的原子量是 4，它有 2 个质子，也就是带有 2 个正电荷，而它的中子数是原子量减去质子数，等于 2。和氮原子核发生反应之后，氮原子转化为氧原子和 1 个质子（即氢原子核）。反应方程式的原子量和左右相等，都是 18，而质子数（即正电荷数）都是 9，遵循了质量守恒的原则。

同样地，查德威克发现中子的实验，可以这样描述：

$$^4_2He + ^9_4Be \longrightarrow ^{12}_6C + ^1_0n$$

中子

约里奥 - 居里夫妇的人工放射性实验，可以这样描述：

人工放射性同位素
$$^4_2He + ^{27}_{13}Al \longrightarrow ^{30}_{15}P + ^1_0n$$
$$^{30}_{15}P \longrightarrow ^{30}_{14}Si + ^0_1e$$

正电子

这里需要补充一点：约里奥 - 居里夫妇使用钋作为放射源，它的放射性更强，它放射出的 α 粒子比镭的能量（速度）还要高，所以能够撞开铝的原子核。（卢瑟福使用镭作为放射源，只能撞开原子量小一些的、密度小一些的元素的原子核。）

同位素的应用：同位素测年法与半衰期

碳-14 是碳的一种具有放射性的同位素，于 1940 年首次被发现。后来，威拉得·利比（Willard Frank Libby，1908—1980 年）发明了碳-14 年代测定法并获得 1960 年诺贝尔化学奖。碳-14 是由宇宙射线撞击空气中的氮-14 原子所产生的，它的衰变方式为 β 衰变，也就是碳-14 原子转变为氮-14 原子和电子。其核反应方程式为：

$$^{14}C \rightarrow {}^{14}N + e$$

碳-14 的半衰期约为 5 730 年。半衰期是什么呢？放射性元素的原子核发生衰变需要一定的时间，随着放射不断进行，放射强度将按指数曲线下降，一半数量的原子核发生衰变所需要的时间叫作半衰期。原子核的衰变规律是：

$$N = N_0 \cdot \left(\frac{1}{2}\right)^{\frac{t}{T}}$$

其中：N_0 是指初始时刻（$t=0$）的原子核数，t 为衰变时间，T 为半衰期，N 是衰变后留下的原子核数。放射性元素的半衰期差别很大，短的远小于 1 s（最短的可为 10^{-23} s），长的可达数百亿年（最长的可达 10^{24} 年）。图 2-2-1 就是某元素的衰变曲线，可以看到，衰变完成一半的时候对应的时间是 3.8 天，因此该元素的半衰期就是 3.8 天。由于碳-14 的半衰期达 5 730 年，且碳是有机物的元素之一，可以根据死亡生物体内残余的碳-14 来推断它的存在年龄。生物在生存的时候，由于需要呼吸，其体内的碳-14 含量大致不变，生物死去后会停止呼吸，体内的碳-14 开始减少。

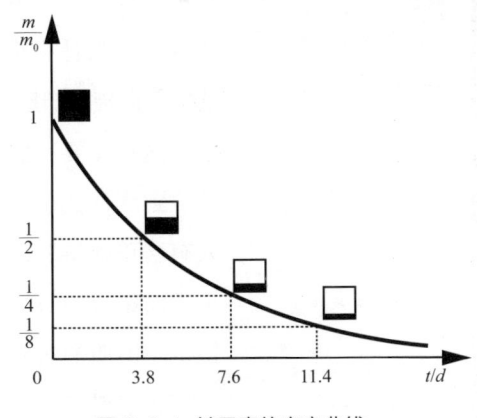

图 2-2-1 某元素的衰变曲线。

能量与质量：爱因斯坦质能方程

查德威克发现的中子能够使极大量的原子核瞬时爆发出巨大的能量——用于制造原子弹，一颗中等规模的原子弹就足以彻底摧毁一整座城市。据说，当查德威克意识到自己的发现将无可避免地被应用于战争后，他就患上了失眠症，每天需要服用安眠药才能入睡[19]。我们知道，原子核是非常小的，如果把原子核的大小比作一只蚂蚁，那么这只蚂蚁本身可能要像木星一样大了，至于蚂蚁所在的城市，也许比银河系还要大。为什么小小的原子核能够产生如此不可思议的能量而摧毁一座城市呢？

这就需要我们一起来学习有关能量的知识。

到底什么是能量呢？日常生活中，我们会说某某人有"正能量"，指的是这个人总能传递积极向上的正面情绪，给身边的人带来有益的影响。另外，肚子饿得咕咕叫的时候，我们会说，需要吃点东西来补充一下"能量"，这里指的是让身体能够更好地发挥机能。那么，在物理学的领域里，能量指的是什么呢？

高中物理中，我们学过"功"的概念。一个人推着一块大石头往前走了一段路，人推石头的这个过程，人对石头做了功。同样地，汽车的发动机驱动汽车行驶，发动机就对汽车做了功。物质做功，就可以产生运动。那么，能量是什么呢？能量实际上就是做功的本领，能量大的物质，它做功的本领就越强。人的能量越大，就可以推动更重的石头，或者把石头推得更远；发动机的能量越大，就可以让汽车行驶得更快。人对石头做功，就是人把自己的能量转移到了石头上，石头拥有了动能，产生了运动。同样地，发动机对汽车做功，就是发动机把能量转移到了汽车上，汽车拥有了动能。动能就是物质运动时所具有的能量。

人们发现能量有着很多种表现形式和计算方式，而这些表现形式之间可以相互转化，因此能量被定义成：物质运动转换的量度，它是物质最基本的一种属性，所有的物质都拥有能量。比如，人转移给石头的动能实际上是人所具有的生物能，发动机转移给汽车的动能实际上是发动机的机械能。石头运动一段距离后会停下来，

终于轮到我了吗？

就是石头的动能转化为热能释放出去了（因为受到了摩擦力，摩擦力对石头做功），动能变为零，运动就停止了。同样地，踩下刹车，汽车会停止，它的动能也会转化为热能释放出去。汽车的动能远远大于人推石头时石头的动能，因此转化的热能也比较大，我们可以观察到汽车的刹车片有明显的发热，甚至会有小火花的出现。

后来，人们又发现，能量可以相互转化，在一个封闭的系统内，这些能够相互转化的能量的总和永远都是恒定的。这是一条永恒的真理：能量守恒定律。它是物理学最基本的定律之一，一切自然现象都被这条定律所支配，不存在任何例外。能量无法凭空产生或是消灭，今天宇宙的总能量和宇宙大爆炸之初的总能量是完全一样的。

在理解了能量是什么之后，你可能会问：作为一种基本的物理量，能量的本质是什么呢？

爱因斯坦提出的狭义相对论带给了物理学家新的启示，著名的质能方程式：

$$E = mc^2$$

说明了质量与能量的关系，揭示了能量实际上和质量是等价的。可以说，能量就是质量，质量就是能量。在这个等式中，E 代表能量，m 为质量，c 就是光速。起初，爱因斯坦想把他的理论命名为"光速不变原理"，因为该理论的要点在于光在真空中的速度并不是相对的，而是一个确定的数值（这个数值就是 $3×10^8$ m/s，相当于光在 1 s 内走过的距离可以绕地球 7 圈半），光速与光源的运动状态和观察者所处的位置并无关系。

很多科幻小说中假设了"超光速"宇宙飞船，提出了"曲率引擎"之类的貌似高科技的名词概念。根据爱因斯坦的理论，这是永远不可能实现的。为什么呢？如果物质得到能量，开始运动，就会产生动能。根据质能方程式，质量和能量是等价的，动能增加了，质量也应该增加。当物体的运动速度远低于光速时，动能增加导致的质量增加微乎其微。比如，速度达到光速的 10% 时，质量只增加 0.5%。随着速度接近光速，质量就会急剧上升（图 2-3-1）。比如，速度达到光速的 86.6% 时，质量就会增加一倍。物质只有得到更多的能量才能继续加速。当速度趋近光速时，质量随着速度的增加而迅速上升。当速度无限接近光速时，质量也增加至无穷大，因此需要无穷多的能量。而同一系统内的能量总是一定的，不可能是无限的，所以质量不为零的物质永远不可能得到足够的能量使其加速至光速。

你可能会问：光在真空中不就是以光速运动的吗？这是因为，光是由光子组成的，其本身是没有质量的。如果没有质量，就不需要无限多的能量才能达到光速了。只有质量为零的粒子才可以以光速运动，而已知质量为零的粒子，只有光子。

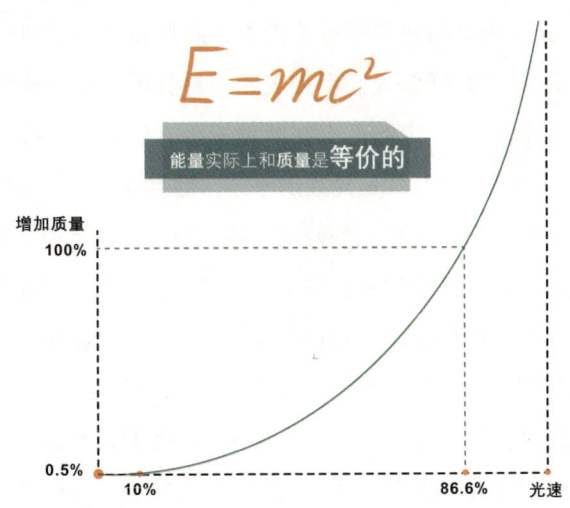

图 2-3-1 物质增加质量与速度的关系。

那么，光速真的不可超越吗？爱因斯坦的理论会不会是错的呢？2011年，CERN 与意大利罗马附近的 LNGS 实验室合作了一个名为 OPERA 的实验，实验中测量了中微子的速度，发现其竟然超过了爱因斯坦预言的光速极限。CERN 为此专门召开了新闻发布会，邀请全世界的相关研究单位进行验证，很多理论物理学家纷纷提出各种理论来解释这种现象，一时间，发表了很多篇论文。在经过反复实验和仔细审查后，人们发现其实是测量人员的技术失误导致计算结果错了，实际上并不存在"超光速"，便于 2012 年向世界公布了这一情况。而之前那么多相关的理论文章立刻失去了价值，这就是物理学研究中典型的一次"乌龙事件"。这也说明了科学家的严谨性和实证精神的严格性——正确的就是正确的，错误的就是错误的，无论是多么有名望的机构或者物理学家提出的观点，一旦被证实是错的，就必须坦诚地面对问题，承认错误。因此，科幻小说中的"超光速"航行，至少目前的物理界公认，只是一种幻想罢了。

总之，爱因斯坦的狭义相对论指出，质量和能量是同一种本质的东西的两种表现形式，就好像人民币和美元都是货币，只是使用的条件不一样而已，我们可以通过一定的汇率在两种货币之间进行兑换，而质量和能量之间"兑换"的"汇率"就是光速的平方，而且这一"汇率"是固定不变的。

这就完美地解释了为什么撞碎原子核可以产生巨大的能量，其实就是原子核被撞碎后，损失掉的那部分质量可以通过"汇率""兑换"成能量。光速的平方是一个巨大的数值，因此哪怕是一点点的质量，在被放大 9×10^{16} 倍（也就是 9 亿亿倍）之后，都可以变为天文数字一般大的能量。比如，1 kg 的物质如果完全转化为能量，相当于 2 000 万吨 TNT 炸药。美国投放在广岛的"小男孩"原子弹，摧毁了整个城市，造成数十万人伤亡，其实只有 2 万吨 TNT 炸药的能量（相当于只有 1 g 质量完全发生了转换）[20]。

知识要点

能量是物质最基本的一种属性，它表示的是物质做功本领的大小。比如，人推动石头，就是人对石头做了功。能量越大，物质做功的本领就越强。人的生物能越大（肌肉多、力气大），就能推动更重的石头或者推石头走得更远。

1

能量不会凭空产生，也不会凭空消失，它的表现形式多种多样，如势能、动能、电能、热能等，这些表现形式可以相互转化，但是在一个封闭系统内，它们的总量恒定不变。这就是能量守恒定律。

2

爱因斯坦的质能方程式 $E = mc^2$ 揭示了能量更深层次的本质，即能量可以与质量相互转化。其中，c 代表光速。真空中的光速是不变的，没有什么可以超越真空中的光速，科幻小说中的"超光速"旅行只是一种永无实现可能的幻想。

3

课后习题

选择题：请选择最符合题意的一项或几项。

1. 关于原子核的大小，以下哪些说法是正确的（多选）？（　　）

   A. 原子核非常非常小，我们无法用肉眼观察到它

   B. 原子核如果像一只蚂蚁那么大，那么这只蚂蚁本身就可能像摩天大楼那么大了

   C. 原子核如果像一只蚂蚁那么大，那么这只蚂蚁本身就可能像木星一样大了

   D. 一个原子的原子核大小是这个原子的十分之一

2. 物理学家查德威克发现的中子可以引发原子核释放出巨大的能量，根据这一发现，以下哪种说法是错误的？（　　）

   A. 人们利用这一发现制造出了原子弹

   B. 几千克的核燃料就能产生摧毁一座城市的能量

   C. 这一发现可以被应用于战争中

   D. 中子是邪恶的，我们应该消灭中子

3. 以下哪种说法和自然科学领域里的能量概念有关系？（　　）

   A. 一个人有正能量，可以给别人带来有益的影响

   B. 火山岩能量石制作的手镯可以将能量释放入体内，解决皮肤问题和身体疾病

   C. 英雄的能量不足，没法使用技能了

   D. 做功

4. 以下哪些描述涉及能量的转化（多选）？（　　）

    A. 踩下油门，汽车会加速行驶

    B. 吃饱了人才有力气搬砖

    C. 按下电暖气的开关，屋里就变暖和了

    D. 给手机充好电才能玩游戏

5. 人们发现，能量不仅可以相互转化，在某一封闭系统内，这些能够相互转化的能量的总和永远都是恒定的。关于这一现象，以下哪些说法是对的（多选）？（　　）

    A. 能量守恒定律是物理学最基本的定律之一

    B. 能量无法凭空产生或者消失

    C. 宇宙大爆炸之初的宇宙总能量和今天的宇宙总能量是完全一样的

    D. 能量转化的效率永远都是100%的，不会存在任何能量损失

6. 爱因斯坦提出了狭义相对论，并给出了著名的质能方程。关于这一方程，以下哪些说法是正确的（多选）？（　　）

    A. 这个方程的表达式是：$E=mc$

    B. 质能方程揭示了：能量就是质量，质量就是能量，能量和质量实际上是等价的

    C. 根据质能方程：物体运动得越快，能量越大，其质量也会急剧增加

    D. 根据质能方程：只有质量为零的粒子才可以在真空中以光速运动

7. 哪种"超光速"宇宙飞船是可行的？请在以下选项中选择你认为正确的选项：（　　）

A. 曲率引擎宇宙飞船

B. 反物质宇宙飞船

C. 量子纠缠宇宙飞船

D. 以上都不对，因为真空中最快的速度就是光速，不可能超过光速

8. 以下哪种说法真正解释了 2011 年 OPERA 实验中测量到的超光速中微子？（   ）

A. 爱因斯坦错了，中微子确实超过了光速

B. 测量人员技术失误，计算结果错了

C. 一些理论物理学家提出了新的理论可以解释这一现象

D. 许多新的实验现象虽然物理学家没法解释，但是确实存在

9. 撞碎小小的原子核可以爆发出巨大的能量，是因为：（   ）

A. 原子核被撞碎后，会增加一些质量，而这些增加的质量会变为巨大的能量

B. 原子核被撞碎后，会激发宇宙深处隐藏着的暗能量

C. 原子核被撞碎后，会向宇宙深处发射电磁波信号，指示外星人向我们发射能量

D. 原子核被撞碎后，碎片的质量之和会小于撞碎前原子核的质量，而这些少了的质量会变为巨大的能量

10. 以下内容为广告，你认为哪些是骗人的智商税（多选）？（   ）

A. 为什么成功人士吃得少、睡得少，每天高效工作 18 小时依旧精神焕发？因为他们都购买了美国科学院院士团队精心研发的能量金字塔。

这一金字塔可以辐射能量，放在车上可以提高车速并省油，放在身上能提高精神力并唤起人体的自愈能力。

B. 爱因斯坦说过，世界上只有两种人生，有心灵成长的人生和没有心灵成长的人生。英国皇家心理学会认证的心灵成长培训班，聘请具备 20 多年教学经验的资深导师，帮你链接宇宙能量管道，通过这一能量管道让你获得源源不断的灵性，从此改变人生。

C. 正位能量名可以帮你链接高维意识能量，是纯净、中正、高频的爱的能量，任何怀疑求证都会削弱能量。能量名是不可以解释的，所有的解释都会限制能量的对接。只要你能全然接纳，你的 DNA 密码就会解码和显化，而不再被世界奴役。

D. SSG 生命元素能量液使用了美国宇航署 NASA 埃姆斯研究中心的量子技术提炼而成，是全世界唯一的量子级产品，诺贝尔奖第四代传人在联合国总部亲自为发明 SSG 能量液的公司颁奖。这瓶神仙能量水不仅包治百病，能逆转青春，还可以投资赚钱，投 15 万元买药水并升级为区域代言人，即可赚回 10 万元。

答案：1. AC；2. D；3. D；4. ABCD；5. ABC；6. BCD；7. D；8. B；9. D；10. ABCD

延展阅读

关于能量和能量守恒

举一个例子。假设有个小孩叫小明，他有一堆积木，就假设他有 42 块吧！这些积木是绝对不会损坏的，也不能分割成更小的东西，它们每一块都一模一样。每天晚上小明的妈妈都会来查看小明房间的情况，她仔细清点积木的数量，发现一个规律，就是无论小明怎么玩积木，积木的数目都是 42 块。有一天，她发现只有 40 块了，以为是规律被打破了，但是很快就在床底下发现了剩下的 2 块。又有一天，她吃惊地发现积木变成了 45 块，然而跟小明聊天才知道，是邻居家的孩子小红来找小明玩，留下了小红家的 3 块积木。把小红的积木退还后，小明依旧还有 42 块。有一天，妈妈清点积木，发现只有 30 块。小明把剩下的积木锁进了一个箱子，问妈妈：你能猜出箱子里有多少块积木吗？妈妈认为，根据之前的规律，箱子里应该有 12 块积木。但是怎么证明这一点呢？聪明的妈妈便想出了一种方法：她知道每一块积木重 10 g，而那个箱子空着的时候称过的重量是 100 g，她重新称量了现在箱子的重量，代入了如下的公式：

$$（所见到的积木数）+ \frac{现在箱子的重量 - 100\ g}{10\ g} = 常数$$

$$30 + \frac{220\ g - 100\ g}{10\ g} = 42$$

接着，妈妈又发现，小明从箱子里拿出了几块积木，并把它们扔到了浴缸里，妈妈不方便把积木捞出来一个一个地数，但是她知道浴缸里水的高度增加了，她知道每块积木可以让水增高 1 cm，水原来的高度是 10 cm，于是她只要在原来的公式中再加入一项就可以知道箱子里有几块积木、浴缸里有几块积木了：

$$（所见到的积木数）+ \frac{新的箱子重量 - 100\ g}{10\ g} + \frac{水的高度 - 10\ cm}{1\ cm} = 常数$$

$$30 + \frac{200 \text{ g} - 100 \text{ g}}{10 \text{ g}} + \frac{12 \text{ cm} - 10 \text{ cm}}{1 \text{ cm}} = 42$$

就这样，妈妈发现了一系列不同的方式去计算藏在不同地方的积木，最后她得到了一个比较复杂的公式，无论小明把积木藏到什么地方，这个公式的结果都等于一个常数，永远都不会变化。

积木的故事和能量守恒定律有什么相似的地方呢？抽象地说，首先，世界上根本没有故事里那种实体的积木，但是这些"积木"加在一起永远都是一个不变的数这个概念是最基本的物理定律——守恒定律。能量就是一种守恒量（除了能量之外，角速度、动量、电荷等，也都是守恒量）；其次，能量有许多不同的形式，对应每一种形式都有一个公式（就好像计算藏在箱子里的积木有一个公式，计算藏在水里的积木有一个公式）。比如，我们熟悉的势能、动能、电能等，这些不同形式的能量之间是可以相互转化的，就像藏到箱子里的积木可以被藏到浴缸里，藏到水里的积木又可以被扔到床底下一样。这一点就是其他守恒量所不具备的，即存在不同形式且可以相互转化。

不过，无论能量如何转化，当我们把这些表示能量的公式全部加在一起的时候，除非有能量逸出或者有其他能量加入，在一个封闭系统内能量的总和永远都不会改变。因此，在计算能量时，我们需要注意有没有能量从系统中跑掉（比如积木可能被扔到小明家窗户外面了），或者有没有别的能量进入这个系统（比如小明的朋友小红带来的积木）。此处的例子根据费曼《物理学讲义》[7]中的相关内容改编而成。

质能方程中每一项的单位

焦耳 = 力 × 距离 = 牛顿（N）× 米（m）（相当于做功的单位），力的单位：力 = 质量 × 加速度 = 千克（kg）× 米每二次方秒（m/s^2），质量的单位：千克（kg），速度的单位：米每秒（m/s）。

质能方程等号左边为能量，其等价于力乘距离，故其单位可表示为 $kg \times m/s^2 \times m$，质能方程等号右边是质量乘光速的平方，其单位可表示为 $kg \times (m/s)^2$，可见左右两边的单位是相等的。

第4节
原子弹的制造与使用

上一节我们研究了能量到底是什么，了解了爱因斯坦著名的质能方程，认识到能量就是质量，质量就是能量，它们本质上是一个物理量的两种表现形式。实际上，粒子可以有两种形式的能量，一种是运动的形式（也就是动能），另一种是静止的形式（也就是质量）。当粒子系统的静止形式的能量变小的时候（也就是撞碎原子核后，质量变小了），根据能量守恒定律，能量并不会凭空消失，实际就是静止形式的能量（质量）转化成了运动形式的能量（动能）。那么，到底原子核内发生了什么样的反应使得原子弹能够爆炸呢？人们怎样才能制造出一枚威力巨大的原子弹呢？

首先，我们需要知道核裂变反应。核裂变指的是什么呢？就是比较重（原子量比较大）的原子核，分裂成两个或者多个质量较小的原子核。就好像我们拿一个锤子砸核桃，核桃裂开，变成了几瓣一样。一般而言，裂变只有像铀、钍这样的原子核才能发生，它们本身就不是特别稳定，具有天然放射性，可以自发地放射出 α 粒子。

假设我们用中子去轰击铀 -235（它是铀的一种同位素，在自然界中非常稀少）的原子核，就会发生一次核裂变反应，可以通过下面的核反应方程式（图 2-4-1）来简略描述这个过程（实际上，铀裂变反应到底分裂成多少碎片，并不是确定的，而是有不同的概率。分裂成 3 个碎片的概率小于 1%，分裂成 4 个碎片的概率约为万分之二，99% 分裂成 2 个）：

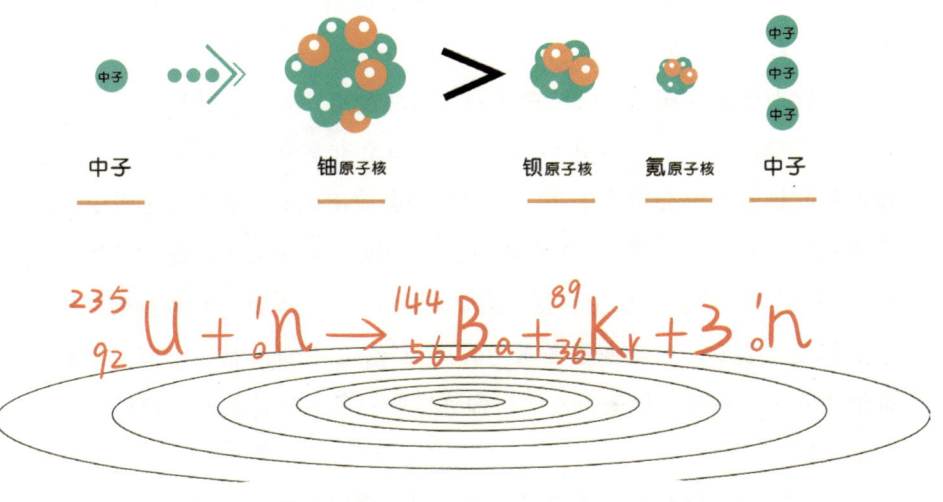

$$^{235}_{92}U + ^1_0n \rightarrow ^{144}_{56}Ba + ^{89}_{36}Kr + 3^1_0n$$

图 2-4-1 铀 -235 裂变反应示意图及其核反应方程式。

可以看到，在发生核裂变反应后，铀原子核"裂"成了钡原子核、氪原子核和三个中子。通过计算每一种粒子的质量，会发现，铀原子核和一个中子的质量要比钡原子核、氪原子核和三个中子的质量略微大一些，也就是在反应后发生了质量的亏损，实际上就是静止形式的能量（质量）转化成了运动形式的能量（动能）。

根据爱因斯坦的质能方程，可以计算得出铀裂变放出的能量。经过比较，人们发现 1 克铀-235 完全裂变所释放的能量，相当于 2 吨优质煤完全燃烧时所释放的能量。

你以为核反应在这里就结束了吗？当然没有。如果这就结束了，那么每次裂变都需要人工使用中子去轰击铀，就会非常麻烦。幸运的是，人们发现每次铀裂变都会放出中子，而且平均会放出 2.5 个中子，这些中子又会和其他的铀核发生反应：1 个中子使 1 个铀核发生裂变，放出了 2 个中子，又使其他 2 个铀核发生裂变，又放出了 4～5 个中子，使得其他 4～5 个铀核发生裂变……就像是多米诺骨牌一样，1 张骨牌推倒 2 张，2 张又推倒 4 张……这种一连串自发的、像连锁的链条一样持续发生的反应，称为链式反应。

最早发现重核裂变和链式反应的德国物理学家奥托·哈恩（Otto Hahn，1879—1968 年），也因此获得了 1944 年的诺贝尔化学奖。

1939 年初，全球正处于第二次世界大战即将爆发的阴云笼罩之下，当核裂变和链式反应的重大发现在物理界流传开来时，人们自然而然地将核反应和大规模杀伤性武器的制造联系在了一起。

1939 年 7 月，德国军队占领了捷克斯洛伐克的铀矿出口，由于铀是核裂变中最重要的反应物，这显然说明德国已经开始试图制造原子弹了。爱因斯坦在得知这一情况后，立即起草了一封信件给美国总统罗斯福，他提醒美国人，应该抓紧开始原子能的相关研究，因为一旦以德国为首的轴心国掌握了核链式反应，他们就能制造出强大的新型炸弹，对战争的局势造成重大的影响。

爱因斯坦建议政府提前储备并保护铀矿资源，组建科学与工业界相结合的实验组，共同进行原子弹的研究工作。

起初，美国人并没有太在意，直到1941年12月6日，日本偷袭了珍珠港，美国海军遭受重创，导致了太平洋战争的爆发。于是，著名的"曼哈顿计划"横空出世，这一计划的目标就是争取在轴心国之前制造出原子弹。

制造原子弹的第一步是要制造出一座人工核反应堆，也就是一种能够维持可控的链式核裂变反应的装置。要想让链式反应持续下去，就需要一定的条件，也就是铀的质量必须大于一定的数值，我们称之为临界质量。临界质量与核燃料的性质、形状、纯度，以及是否被包裹着中子反射层有关。

如果铀的质量太小，裂变中放出的中子可能会高速向四面八方飞走，如果它们飞出了铀燃料所在的位置，就无法让链式反应继续进行了，核反应就结束了，因此还要

人类第一台可控核反应堆。

对铀进行精心的布局，并使用一些装置使中子的速度变慢一些，这样它们在逃跑之前就能被其他铀核吸收，继续链式反应。同时，这些反应还要处于人们随时可以监视并且控制的状态下，也就是让它停止就能停止，否则，如果不可控，就可能发生严重核事故。

1942年，意大利物理学家费米（Enrico Fermi，1901—1954年）在美国芝加哥大学主持建造了人类第一台可控核反应堆，这就为后来第一颗原子弹的爆炸奠定了基础。

费米是意大利人，为什么没被轴心国留下研究原子弹呢？原来，他的妻子是犹太人，由于德国纳粹对犹太人实行种族灭绝政策，费米早在战争爆发前就带着家人离开意大利去了美国。他在芝加哥领导设计的反应堆由几万个石墨块包围着铀块组成，石墨具有吸收中子的属性，可以用来缓和链式反应速率。

另外，费米还设计了一个石墨制成的控制棒，插在反应堆的核燃料中。当把控制棒拔出核燃料，就能激活核反应；反之，把控制棒插进去，就能结束核反应。

1943 年，美国物理学家奥本海默（Julius Robert Oppenheimer，1904—1967 年）开始主导"曼哈顿计划"，他和德国物理学家海森堡（Werner Karl Heisenberg，1901—1976 年）领导的德国小组展开了激烈的竞争。人们都明白，谁先制造出来原子弹，谁就能左右战争的局势。美国对"曼哈顿计划"不遗余力地投入——这一工程动用了同盟国内上千名最优秀的科学家，10 多万人参与其中，耗时 3 年，耗资超过 20 亿美元。

对于这两个团队而言，最具有挑战性的难题之一就是浓缩铀-235 的获取。天然的铀矿中，大部分是铀-238，最易发生裂变而作为核反应堆燃料的却是铀-235；它非常稀有，从铀矿石里能提取出的天然铀-235 的含量只有约 0.7%。

另外，核反应堆可以建造得很大、很重，但如果是制造炸弹，就要把核反应限制在炸弹的体积内，所以，核燃料的体积要比较小，但核燃料的质量必须大于一个临界质量，这就需要使用浓缩纯度高于 90% 的铀 -235。事实上，即使是在今天，提取浓缩铀-235 都需要非常复杂的化工技术和高超的科技水平，这也是制造原子弹最难解决的关键问题之一。

接下来，还需要设计一种点火装置，保证引爆前核材料不会达到临界质量，也就是只有想让它炸的时候才开始反应，不让它炸的时候就不能反应。人们设计出一种"枪式结构"（图 2-4-2）来解决这个问题。

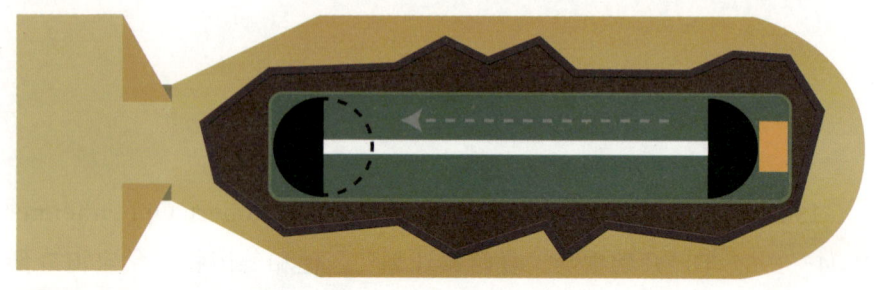

点火装置

2-4-2 枪式结构。

引爆系统启动后，会将两个铀块推到一起，这两个铀块的质量都低于临界质量，但是推到一起后就能达到或超过临界质量（点火装置还有其他方式，如内爆结构等）。然后，还需要一个中子源，就能引发核反应，从而引爆原子弹。

1945 年 7 月 16 日，世界上第一颗原子弹在美国进行了爆炸实验，"曼哈顿计划"成功了。在场的物理学家们欢呼雀跃，人类正式迈入了核时代。

三个星期之后，一架经过特别改装的轰炸机从日本的广岛市上空飞过，人们看到有什么东西从飞机上掉了下来，之后，一道炫目的亮光在空中闪过，约 7 万人立刻被烧死，另外约 7 万人陆续在 5 年内因辐射痛苦地死去，整座城市变成了巨大的火海，充满浓烟，之后变成了寸草不生的废墟。美国一共在日本投放了两枚原子弹，迫使日本无条件投降，从而结束了第二次世界大战。

由于核武器有巨大的破坏性，许多参加了"曼哈顿计划"的科学家积极地参与到核不扩散的运动之中。根据《不扩散核武器条约》，只有联合国安全理事会的 5 个常任理事国——中、美、英、法、俄才被承认是合法的"有核国家"地位。后来又出现的 3 个非法拥核国家是印度、巴基斯坦和朝鲜。

当然，核武器是将核能瞬间地、无控制地释放。一旦人们能够将核能进行缓慢的、有控制的释放，就能将核能作为一种高效的清洁能源，造福人类，比如核电站、核能发动机等。地球生物赖以生存的太阳光，也是来源于核反应。因此，我们大可不必谈"核"色变，更不必对整个核物理研究产生恐惧和排斥。

知识要点

核裂变就是比较重的原子核在中子的轰击下，分裂成两个或者多个质量较小的原子核，同时放出中子的反应。在满足一定的条件时，这种反应就会级联式地持续进行下去，因此也被称为链式反应。

1

美国在二战期间开展的"曼哈顿计划"，利用核裂变反应制造了第一个人工核反应堆，并且制造了第一颗原子弹。在这个过程中，人们需要提取极高浓度的铀-235，这需要复杂的技术和高超的科技水平。

2

核反应不仅可以用来制造武器，可控的核反应还可以作为清洁能源造福人类。科学技术本身并没有对错，关键在于人们如何利用它。

3

课后习题

选择题：请选择最符合题意的一项或几项。

1. 以下关于能量和质量的说法，哪些是正确的（多选）？（　　）

A. 运动形式的能量就是动能

B. 质量就是能量，能量就是质量

C. 物质静止的时候就没有能量了

D. 质量可以转化为能量：系统总能量不变，质量减少了，运动形式的能量就会增加

2. 核裂变反应指的是原子量较大的原子核分裂成两个或多个质量较小的原子核，关于核裂变，以下哪种说法是正确的？（　　）

A. 核裂变反应前的原子核质量大于反应后几个小的原子核的质量总和

B. 核裂变可以在任何条件下发生

C. 铀-235 在自然界中很常见，所以被用作核裂变反应的燃料

D. 核裂变产生的巨大能量来自反应过程中吸收的宇宙能量

3. 使用以下哪种物质颗粒轰击铀的原子核可以发生核裂变反应？（　　）

A. 水分子　　　B. 氧气分子　　　C. 电子　　　D. 中子

4. 关于链式反应，以下哪种说法是正确的？（　　）

A. 核裂变时，原子核里的每个质子都像锁链一样环环相扣，所以叫作链式反应

B. 最早发现链式反应的科学家是爱因斯坦

C. 如果没有链式反应，核裂变就无法自发地持续发生

D. 链式反应需要人为地不断轰击原子核才能发生

5. 美国和德国在 20 世纪 40 年代开展了对核武器研究的激烈竞争，谁能先造出原子弹，谁就能左右战争的局势。关于这一段历史，以下哪些说法是正确的（多选）？（　　）

A. 对于这两个团队而言，具有挑战性的难题之一就是铀 -235 的获取

B. 人们需要设计一种点火装置，保证引爆前核燃料不会达到临界质量

C. 美国的研究团队率先成功完成了世界上第一颗原子弹的爆炸实验

D. 德国在日本的广岛市投下了一颗原子弹，十几万人因此而丧生

6. 关于临界质量，以下哪种说法是正确的？（　　）

A. 临界质量就是核裂变燃料的质量

B. 核裂变燃料的质量必须大于临界质量，才能让链式反应持续发生

C. 临界质量指的是人工核反应堆的质量

D. 核裂变燃料的质量必须小于临界质量，才能让链式反应持续发生

7. 以下哪些手段能够帮助人们有效地控制核裂变反应的剧烈程度（多选）？（　　）

A. 使用石墨制成的控制棒

B. 采用基于神经网络算法的人脸识别系统

C. 在核反应堆外增加人工智能照明装置

D. 利用减速剂减缓中子的速度

8. 关于核物理学对人类社会的影响，以下哪些说法是正确的（多选）？
（　　）

　　A. 核武器拥有巨大的破坏性作用，应当警惕滥用核武器

　　B. 核物理学带来了战争和核灾难，应该禁止人们研究核物理

　　C. 核物理学的研究与应用给了文艺创作者许多的艺术灵感

　　D. 核物理学对社会发展不利，不应该在学校教这方面的知识

答案：1. ABD；2. A；3. D；4. C；5. ABC；6. B；7. AD；8. AC

延展阅读

原子核裂变的发现背后的故事及经验教训

人类对于原子核裂变的发现实际上可能曾走过一段值得深思的弯路。1934 年，意大利物理学家费米通过一系列实验，探索利用中子轰击原子核以诱发人工放射性的可能性。在这些实验中，他和团队观察到了铀样品在氡铍中子源照射下产生了强放射性，该放射性实际来自于铀裂变产物，这一发现实际上也标志着人类首次在实验室中实现了铀核的裂变，然而他们并未意识到这一点。费米错误地将他们的发现解释为生成了超铀元素的反应，并将得到的放射性产物（可能是裂变碎片锝的同位素）误认为是第 93 号元素。

随后，德国化学家伊达·诺达克（Ida Noddack，1896—1978 年）提出了一个颇具前瞻性的观点。在 1934 年发表的一篇颇具洞见的文章中，她对费米的实验方法提出了批评，并提出了重核可能在中子轰击下裂变成若干大的碎片的设想。诺达克的这一观点实际上预示了核裂变现象，但遗憾的是，她的观点并未得到当时科学界的充分重视，费米小组也没有对其进行公开的回答和作出其他反应。

在诺达克论文发表后的的 4 年里，科学界仍然继续困于寻找超铀元素的误区中。费米小组、哈恩－迈特纳小组和伊雷娜·居里（Irène Joliot-Curie，1897—1956 年）及其合作者等研究团队都在这一领域进行了深入探索，但都未能突破传统的思维框架。他们观察到了一些异常现象，但由于受到当时理论和权威观点的束缚，未能及时认识到这些现象实际上指向了核裂变。

直到 1938 年底，奥托·哈恩和弗里茨·施特拉斯曼（Fritz Strassmann，1902—1980 年）通过一系列精确的实验，最终揭开了铀核裂变现象的面纱，这一发现也标志着核裂变现象的正式确认。哈恩和施特拉斯曼的发现，以及随后奥地利物理学家莉泽·迈特纳（Lise Meitner，1878—1968年）及其合作者的理论解释，最终使得核裂变现象得到了科学界的广泛认可。

我国著名的女核物理学家、中国科学院院士何泽慧先生和她的同事曾于我国的《物理》期刊（1999年第1期）上发表《原子核裂变的发现：历史与教训——纪念原子核裂变现象发现60周年》一文[21]，详细地回顾了核裂变从1934年走到1938年的曲折经历，并从中进行了深刻的总结。正如本书第1章第4节中所述，实验对于物理学至关重要，理论需要实验来验证，这篇论文也指出："自然科学研究必须以实验事实为本，而实验工作者第一位的事是以老老实实的态度来采集实验数据，使之经受得起任何严格的推敲，并且客观无偏地揭示其中的事实真相，然后坚持用实验事实去检验理论，而不是反过来以实验事实去迎合理论。"

科学发现除了应该认真实验，还需要进行理论推测。"一种完整的过程应当是：提出猜想，继之以理论计算及科学推论，而后与实验比较。但是，这整个过程并不必须由一个人来完成。"特别是有的学科（例如高能粒子物理），如今已发展到极其庞大的规模，很多实验都需要几百上千人齐心合力奋斗几十年。但实验结果与理论预言的反复比较，仍然是科学发现的必经之路。

这篇文章最后强调，实验条件固然重要（如果没有精确的实验设备，就得不到基本的科研数据），但科研人员的素养更重要。在同样的机会面前，胜出的总是那些具有高超的实验技术和严格细致、一丝不苟的科学作风的那些科学工作者。

何泽慧先生严谨求真的科学精神，将感染一代又一代科学工作者。2025月3月3日，国际天文联合会小天体命名委员会、中国科学院国家天文台正式将编号91035号小行星命名为"何泽慧星"，以纪念这位中国女科学家。

原子能的另一面：可以造福人类的一种能源

是不是真的像有些人所说，人类发现和利用核能就像是打开了古希腊神话中的潘多拉魔盒，把无数罪恶和痛苦释放出来了呢？当然不是！核能在我们生活的很多方面有着积极的作用，甚至地球生命的存在都依赖于核能。

核能（也被称为原子能）到底指的是什么呢？核能实际上指的就是通过核反应从原子核内释放出的能量。一般来说，核能可以通过两种核反应释放，一种是上一节介绍的核裂变，还有一种是核聚变。什么是核聚变呢？

核聚变可以理解成与核裂变相反的一种核反应形式：原子量很小的原子（如氢及其同位素），它们的原子核在超高温和超高压下，可以被压缩而碰撞到一起，相互聚合，从而形成新的原子量大一些的原子核（如氦）。核聚变反应后得到的原子量大一些的原子核和其他反应产物（如中子）加起来的质量，会比反应前的原子核质量轻一些，也就是反应后发生了质量

核能

的亏损。减少的质量实际上转化成了能量的另一种形式——动能，根据爱因斯坦的质能方程，这一能量是十分巨大的。

核聚变反应在自然界中天然存在，我们每天晚上仰望星空的时候，可以看到满天闪烁的星光，恒星之所以会发光，就是因为恒星的内部一直在持续发生着核聚变反应，释放出巨大的能量，而部分能量会以电磁波的形式传播，也就是我们看到的恒星发出来的光。再比如，地球上几乎一切生命都依赖阳光，阳光是生命最重要的能源来源，植物和藻类需要光合作用才能生长，而人类所使用的绝大部分能量也来源于太阳（包括石油、煤炭等化石燃料也是古代埋在地下的动植物经过漫长的演变而形成的能源）。如果没有太阳核聚变产生的核能，地球上不会存在任何生命。太阳发出的光和热，就是在太阳内、1 500 万摄氏度、几千亿个大气压下发生的核聚变反应产生的。如果继续追根溯源的话，假如没有核聚变反应，根本不会有我们今天看到的这个宇宙（现在的宇宙年龄大概是138 亿年）。正是宇宙大爆炸后 10 亿年形成的恒星，像元素加工场一样，持续地进行着核聚变反应，才逐渐合成了宇宙中各种各样的元素，包括构成地球生命最基本的碳元素和氧元素。

那么，核聚变是怎么实现的呢？我们知道，原子核里有质子和中子，质子是带正电的，那么质子之间难道不会受到相互排斥的电荷力而不可能稳定地结合在一起吗？实际上，人们发现在原子核内还存在着一种更加强大的力的作用，也就是核力，现在我们把核力称为强相互作用力。

强相互作用力是自然界中已知的最强的一种力，它比电荷的斥力或引力（电磁相互作用力）要强成百上千倍，因此质子、中子可以被束缚在原子核内保持稳定。核聚变的过程实际上就是强相互作用力在超高温高压的条件下突破电磁相互作用带来的斥力，从而使粒子聚合在一起，形成原子量更大的原子核。而核裂变的过程与核聚变相反，是通过中子轰击重原子核，破坏核内粒子间的强相互作用，使原子核分裂，形成几个原子量较小的核。

不过，强相互作用力是一种短程力，而电磁相互作用力是长程力。这是什么意思呢？也就是说，强相互作用力只有在粒

原子核里有质子和中子，质子是带正电的，那么质子之间难道不会受到相互排斥的电荷力而不可能稳定地结合在一起吗？

子之间距离很近的时候才能发挥作用，粒子之间离得越远、作用越小，远到一定程度就完全没作用了，而这个能作用的距离范围大概是 10^{-15}m，也就是和原子核的大小差不多的数量级，所以只在微观层面上才有作用。两个人之间、两个细胞之间，甚至原子内原子核与电子之间，距离都太远，也就不存在强相互作用力了。相对比而言，电磁力哪怕是相距十万八千里，都能正常起作用，比如地球磁场使指南针的磁针受到电磁相互作用而发生偏转。

实际上，原子量越大的原子，原子核内的质子和中子就越多，核内质子之间的电荷斥力也就越大，核内的强相互作用力就和原子量小的那些原子有所差异。这种差异会影响到原子核本身的稳定性，而这种差异可以反映到原子核内粒子的质量上，我们可以通过测量每种原子核内粒子的平均质量，得到下面的图 2-5-1。

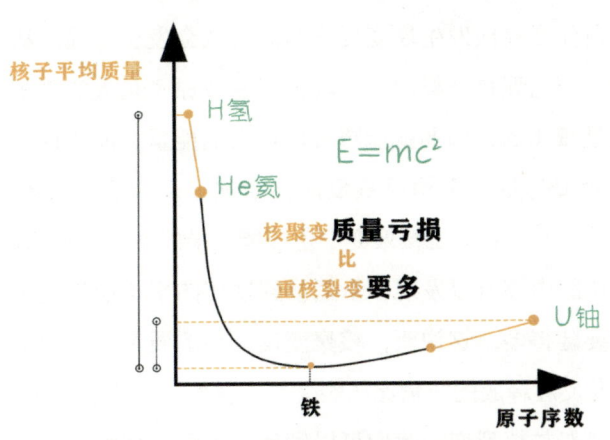

图 2-5-1 核子平均质量与原子序数的关系。

通过上图，可以比较核反应前后，新生成的原子核及其他产物的质量和反应前原子核的质量大小。比如，比铁的原子量大的元素，在裂变反应后得到的几个新原子的质量会比原来的小，而亏损掉的质量会以动能的形式释放出来。而比铁原子量小的元素，如果"裂变"成几个原子序数更小的原子，我们会发现它们的质量反而比反应前更大了，也就是说，该反应发生后无法释放能量，反而是吸收能量（多了的质量实际就是由于动能变少了，减少的动能转化成了质量）。所以这类元素不可能作为裂变核燃料，因为它们不会净输出任何能量（不过工业上可以用中子轰击铁-56产生铁-55，铁-55是极为重要的放射源，在工业和医学上都有重要作用[22-24]）。一般讲的核裂变，需要能够释放出核能，都是指重核的裂变。

那么，为什么轻核发生聚变反应后质量也会发生亏损，从而释放出核能呢？实际上，道理是一样的——轻核聚变成原子量大的原子核，总质量在反应后也是减小的，因此就能释放出巨大的能量。而比铁原子量大的原子核发生"聚变"后，平均质量反而会增加，反应后不仅不能释放能量，还要吸收能量。所以我们说核聚变产生核能，指的都是轻核的聚变。

另外，从图中还可以发现，从氢核到铁核的平均质量变化的曲线比铁核到铀核的要陡得多，这说明，核聚变反应后的质量亏损比重核裂变要多，因此，核聚变反应释放的能量比核裂变要大很多，平均要高出4倍。

比较核聚变与核裂变，我们可以发现，核聚变反应产生的核能具有明显的优势：

（1）使用等量的核燃料，核聚变释放的能量比核裂变要大。

（2）核聚变反应的燃料主要是清洁无污染的氢，核裂变则需要使用具有极强放射性的铀-235，因此，在对环境的污染、本身潜在的危险性方面，核聚变优势巨大。

（3）核聚变的燃料供应充足，地球上至少有 10 万亿吨的氢（从海水里提取即可），几乎取之不尽、用之不竭；而核裂变的燃料数量需要非常复杂的提炼、浓缩、保存等，天然矿藏与氢（及其同位素）相差甚远。

因此，如果能够利用好核聚变反应，就几乎能根本解决人类所有与能源相关的问题。海量的能源可以支撑起更加强大的经济，使人类社会拥有更多的财富，刺激科学技术的发展与进步。

就像人类学会了对火的利用，就从动物世界中分化出来，进入了石器时代；或者是人类掌握了对化学能源的利用，从此拉开了工业社会的序幕一样；掌握了核聚变，人类的文明就会整体跨上一个新的台阶。

可惜，人类目前还没有完全掌握可控核聚变技术。人工可控核聚变的难点是什么呢？目前人们对核聚变技术掌握到了什么程度呢？下一节，笔者将详细解答这些问题。另外，人类经过近 70 年的努力，已经把核裂变技术发展得非常成熟了。在第 7 节，笔者还会介绍核电站是怎么建造的。

知识要点

核能指的就是核反应释放出来的巨大能量，一般而言，这种能量来源于核裂变反应与核聚变反应；后者是轻核（如氢及其同位素的原子核）在超高温和超高压的条件下能够聚合在一起，形成新的原子核（如氦的原子核）。反应前后，总质量会发生亏损，亏损的质量实际就是转化成为巨大的动能。

1

之所以核聚变反应能够发生，是由于核子之间会受到核力的影响。核力就是强相互作用，它是自然界中最强的作用力，但是它是短程力，生效的范围大概与原子核的大小是一个数量级，超过这个距离就会完全失效。

2

核聚变反应对比核裂变反应有很多优势，一旦掌握这一技术，人类的文明将跨上新的台阶。可惜，人类至今还没有完全掌握可控核聚变技术。

3

课后习题

选择题：请选择最符合题意的一项或几项。

1. 以下关于核能的说法，哪个是错误的？（　　）

　　A. 核能也被称为原子能

　　B. 核能可以通过核裂变或者核聚变反应释放出来

　　C. 核能对人体有害，会污染环境，人们应该放弃使用核能

　　D. 核能指的是通过核反应从原子核内释放出的能量

2. 在科幻电影《流浪地球》中提到了一种核聚变行星发动机，关于这一发动机，以下哪些说法是符合物理学规律的（多选）？（　　）

　　A. 核聚变行星发动机主要利用核聚变反应释放的核能作为能量来源

　　B. 如果这一发动机使用的燃料是比铁的原子序数更大的元素，那么就不可能产生能量，而是吸收能量

　　C. 无论这一发动机采用什么种类的元素进行核聚变都可以产生巨大的能量

　　D. 在计算核聚变行星发动机可以提供多少能量的时候要用到爱因斯坦的质能方程

3. 关于太阳中发生的核聚变反应，下列说法正确的是（多选）：（　　）

　　A. 目前人类可利用的绝大部分能量来自太阳的核聚变反应

　　B. 太阳中的核聚变反应发生在极高的温度和压力下

　　C. 太阳中的核聚变反应永远不会结束，其可以提供的能量是无限的

　　D. 除了太阳以外，其他的恒星也在进行核聚变反应

4. 关于核裂变与核聚变，下列说法正确的是：（　　）

A. 为了最大限度地获得能量，一般使用较轻的元素进行聚变，使用较重的元素进行裂变

B. 原子弹的原理主要是核聚变，氢弹的原理主要是核裂变

C. 我国的大亚湾核电站是一个利用核聚变发电的电站

D. 核裂变的原料比核聚变的原料更容易获得

答案：1. C；2. ABD；3. ABD；4. A

延展阅读

比结合能

在高中教材中，提到了一个概念叫作"比结合能"，它指的是某原子核中每个粒子结合能的平均值（图 2-5-2）。这个概念实际反映的就是某种原子核中核子的结合能力，数值越大，结合得越牢固，原子核越稳定。或者可以理解为，数值越大，平均使每个粒子被打散至无穷远所需的能量就越大。"平均核子质量"和"比结合能"相加，得到的就是每一个核子的总质量（平均值）。因此，平均核子质量大，"比结合能"就小；反之，"比结合能"小，平均核子质量就大。至于为什么每个核子的总质量是核子本身（中子＋质子）的质量加上结合能（能量），其实就回到爱因斯坦的质能方程了，也就是质量就是能量，能量就是质量。

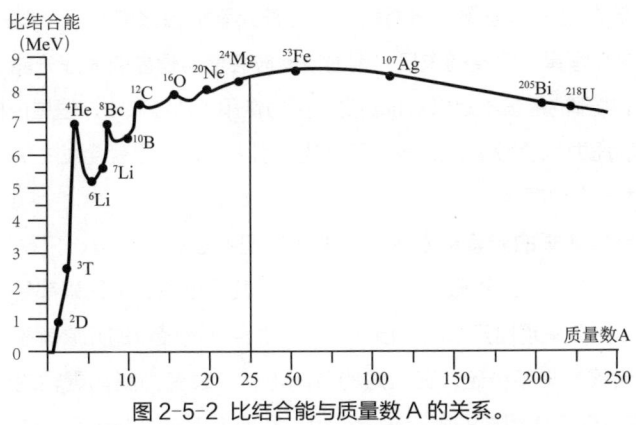

图 2-5-2 比结合能与质量数 A 的关系。

我们也可以理解为，"比结合能"小的元素，可以通过核聚变释放能量，而"比结合能"大的并且比铁重的元素，可以通过核裂变释放能量。

关于核聚变的补充知识

我们可以用简略的方式来描述太阳内部核聚变的过程：两个只有 1 个质子的氢核聚变反应后，生成一个有 1 个质子和 1 个中子的氘核；之后氘核同 1 个质子发生反应，生成氦的同位素；两个氦 -3 核聚变成一个氦 -4 的原子核及新的 2 个质子。这些反应会释放出巨大的能量，使得太阳内核处产生极高的温度和大气压力，再加上源源不断产生的新的质子（氢核）又可以继续作为核反应的燃料，在这种条件下，太阳的核聚变反应就会持续不断地进行下去。

我们知道，铁的平均核子质量最小（"比结合能"最大），那么铁能发生核聚变吗？当然是可以的，只是条件非常苛刻罢了。比如，宇宙中某些质量很大（太阳质量的 8 倍以上）的恒星，它们就会发生铁元素的核聚变反应，发生这种反应后，实际上这颗恒星也将走向末日，因为该反应会使得恒星的大部分能量被消耗殆尽，此时恒星内部的能量不足以对抗自身的引力作用（热能减小、恒星内核逐渐冷却，热辐射产生的压力就会减小，最终不足以战胜引力），恒星就会发生坍缩，甚至最终有可能成为一个黑洞。

那么，比铁还重的元素能发生核聚变反应吗？原则上可以，只是这种反应很难实现，因为实在是"入不敷出"啊！事实上，几乎所有超铀元素都是人工核聚变反应合成的。什么是超铀元素呢？自然界中天然存在的最重的元素就是铀了，因为比它更重的元素非常不稳定，在很短的时间内就会衰变为其他更轻的元素。比如，2000 年，美、俄合作组成的国际研究小组，利用人工热核聚变反应成功合成 116 号元素铊（Lv 用于纪念合成此元素的美国实验室的名称 Livermore）。

可控核聚变技术带来的美好未来

可控核聚变技术被誉为打破太阳系资源瓶颈的终极方案，它象征着一个全新的人类纪元——难以估量的清洁能源将如泉水般涌流，几乎用之不竭，核聚变能量转化成电能将成为人类的主要能源。

能源的彻底解放将更进一步地对生态环境、粮食安全甚至社会文明程度产生深远影响。例如，就粮食安全而言，可控核聚变技术的实现，将彻底改变全球粮食生成和分配的现状。它使得海水淡化技术经济可行，为农业提供了大量淡水资源，尤其是在干旱地区。同时，充足的能源支持室内农业和垂直农场的发展，这些设施能在全年无休的控制环境中生产粮食，减少对耕地和气候的依赖。此外，能源的充足将支撑无土栽培等技术的全面应用，优化作物生长条件，并增强农业对气候变化的适应性。[25]

资源问题的解决将对社会生产力产生不可估量的影响，可以说，可控核聚变将是人类文明进步的巨大科技推动力，将推动人类走向美好的未来。

第 6 节
可控核聚变的难点与可能实现的预期

如果人类能够完全掌握人工可控核聚变，就能持久地获得取之不尽用之不竭的清洁能源，从而极大地推动社会的发展和进步。那么，掌握可控的核聚变到底难在哪里呢？在我们的有生之年，有没有可能看到它从科幻小说和实验室中走出来，在现实世界中真正服务我们的生活呢？

实际上，早在 60 多年前的 1957 年，英国物理学家劳森（John David Lawson，1923—2008 年）就已经计算出了启动核聚变所需要的条件，这就是著名的"劳森判据"（Lawson's Criteria），它要求与聚变反应有关的三个物理量——温度、密度与约束时间，必须满足某些特定的条件。比如，它们的乘积要大于某一个数值（这就像是要跨越一个门槛似的，因此这个数值也被称为阈值），核聚变反应才能持续发生。如何满足"劳森判据"，就是可控核聚变实现的最大难点之一。

首先来看温度。只有在超高温的条件下，核聚变反应才可能发生，因为温度越高，粒子的运动速度就会越大，它们的能量也就越高。这样，本来绕着原子核运动的电子就会跑得越来越远，直到彻底突破原子核的束缚。这时，两个原子核就能够互相碰撞在一起发生聚合作用。不过，光有超高的温度还远远不够，虽然高温下粒子能够摆脱电磁作用的束缚自由运动，但是这些粒子都非常非常小，而它们之间99%都是真空，想让两个原子核碰到一起，就像是让两根接近光速运动的绣花针，在大气中四处乱跑的过程中针尖相撞一样困难。那么，怎么才能让它们更容易地撞上呢？

如果我们不断地增加绣花针的数量，当针足够多的时候，是不是它们就更容易撞上了呢？或者，如果我们把绣花针活动的空间压缩，等到足够小的时候——比如在一个非常小的盒子里运动，是不是也更容易碰上呢？这个实际上就是利用"劳森判据"中的第二个条件：密度（也就是单位体积内的粒子数量）。

自然界中的物质有三种形态：固态、液态和气态。比如水，在室温下都是液态的，而当温度达到0℃或更低的时候，水会结冰，

如果我们不断地增加绣花针的数量，当针足够多的时候，是不是它们就更容易撞上了呢？

冰就是水的固态。我们烧水的时候，温度升高，到达水的沸点，水就变成了水蒸汽，这就是水的气态。随着温度的不断升高，物质内部粒子的运动速度加快，粒子就倾向于扩散，于是从固态向液态、再向气态转化。当气态物质温度继续升高，高到一定程度，物质原子的原子核和电子之间的电引力被打破，电子都跑了的时候，就叫作"电离"，即"原子里的电子离开了原子核"。此时，该物质已经失去了化学性质，因为化学性质是核外电子之间的相互作用，电子跑了，也就不存在元素的那些性质了。此时物质就是一堆自由的电子和原子核，就好像是一锅芝麻糯米粥，煮到一定程度并搅碎，就分不出来芝麻和糯米了，而变成了一锅均匀混在一起的糊糊。这就是物质的第四种状态——等离子体。

实际上，我们生活中见到的霓虹灯就是灯管中充入的气体变成了等离子体，蜡烛或者煤气灶上燃烧的火焰也是等离子体，还有五彩斑斓的极光、夺目的闪电等都是等离子体。虽然在地球上，等离子体只是一小部分物质的形态，但是在宇宙中，99.9% 的物质是以等离子体存在的，比如太阳就是一个巨大的等离子体。等离子体具有很多特殊的性质，可以应用在一些工业技术领域中 [26,27]。

"劳森判据"中的第二个物理量——密度，指的就是聚变反应燃料的等离子体密度。在超高温下，聚变反应燃料既不是液态的，也不是气态的，而是变成等离子体了，所以燃料的密度实际上是等离子体的密度。核聚变反应要满足超高温和超高压的条件，这里的超高压，实际上就是通过对等离子体施加极高的压力，压缩等离子体的体积，实现"劳森判据"中的高密度条件。

"劳森判据"中的最后一个物理量叫作"约束时间"，指的就是上述超高温度、超高密度（超高压）条件所持续的时间。也就是说，根据"劳森判据"，核聚变的反应物（比如氘和氚）必须在很高的温度被束缚在非常非常小的空间内，并且持续一定的时间，才能启动核聚变反应。因为这种反应需要高温（一般在几千万摄氏度以上）的条件，所以也被称为"热核聚变"。

在上面的例子中，如果让绣花针相互碰撞的时间更长，比如从 1 秒变成 10 秒，那么它们能够撞上的概率就会增加到前者的 10 倍。

但是超高的温度、超高的压力带来了超高的等离子体密度，这实际上是一种非常难以维持的不稳定状态，而要找到一种办法来约束它是非常困难的。

也许你会说，人们能不能研究出一种耐高温高压的容器，把反应燃料放在里面呢？这个想法太天真了，材料化学家们研究了几十年，至今还没有找到任何一种化学上的结构能够承受哪怕 1 万摄氏度的高温，就更别提核聚变反应要求的上千万摄氏度了。

物理学家们从"劳森判据"入手：三个物理量的乘积要大于某一个阈值，也就是说，如果约束时间不能很长，但是温度与密度能够很大，依旧可以启动核聚变反应。根据这一提示，我们知道有什么方式能够满足"劳森判据"吗？

对了，就是利用核裂变！氢弹实际上就是采用这个原理：核裂变反应可以释放出极大的能量（包括热能和动能）来实现超高温的条件，还可以瞬间压缩核聚变的反应物，通过超高的压力实现超高的等离子体密度，虽然这一条件持续的时间很短，但核裂变带来的温度、密度都足够高，也就能够启动核聚变反应了。

不过，氢弹中的核聚变反应持续的时间非常短，而且核聚变产生的能量并不是"受控"地释放出来的，人们无法对其加以控制，所以不能像核裂变电站一样，能量可以持续地稳定地输出，从而实现核能的商业化应用。

如何才能实现真正的可控核聚变呢？可能你会说，宇宙里不是有天然且持续发生的核聚变反应吗，人们研究一下闪闪发光的星星，会不会就能找到答案了呢？其实，恒星是通过重力场来达到"劳森判据"的条件以实现核聚变反应的，这种方式被称为"引力约束"，可惜地球的质量最多只有最小恒星的两万分之一（恒星的质量不能小于太阳质量的 7%，否则无法维持核聚变反应，因此不能被称为恒星），因此在地球

宇宙里不是有天然且持续发生的核聚变反应吗，人们研究一下闪闪发光的星星，会不会就能找到答案了呢？

上是不可能实现的。

那么，物理学家们想出其他的办法了吗？当然！

一种是利用氢弹的原理，也就是利用惯性来约束反应（图 2-6-1）。惯性在这里就是一种保持聚变燃料不散开的压力，因此也被称为"惯性约束"。我国著名科学家王淦昌（1907—1998 年）早在 1964 年就独立地提出了利用高能量激光脉冲式地从四面八方轰击用聚变燃料做成的直径为几毫米的小球，由于惯性作用，高温高密度热核燃料来不及分散，就会被急剧压缩，启动核聚变，这种方式也被称为"激光惯性约束"或"激光约束"。

另一种方法是被称为"磁约束"的方式，也就是建造一个足够强大的环形磁场，将聚变原料放置其中，磁场本身不受超高压、超高温的影响，同时又能够约束等离子体内的带电粒子，这些粒子受到磁场力（洛伦兹力）而沿着磁场方向进行螺旋运动，就像在一个磁笼子里一样，产生这种环形磁场的装置被称为"托卡马克"。

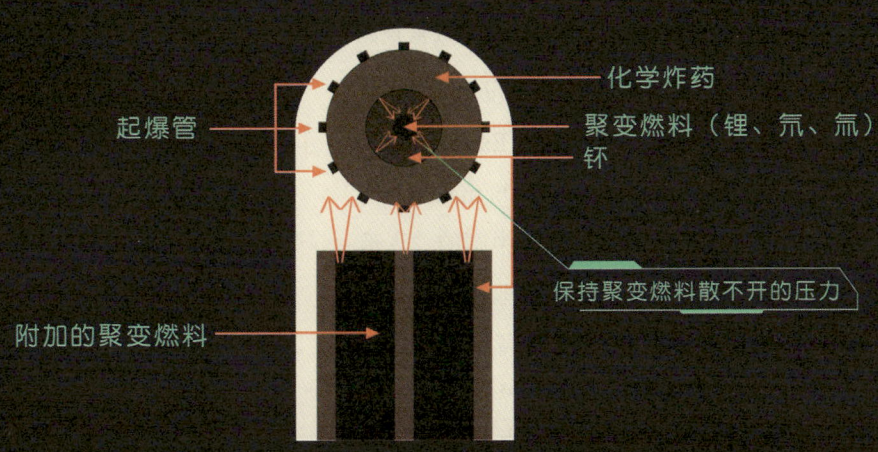

图 2-6-1 沿氢弹原理实现惯性约束示意图。

ITER 就是采用这种方式来研究商业化的核聚变应用技术。ITER 全称是 International Thermonuclear Experimental Reactor "国际热核实验反应堆"（图 2-6-2），是目前全球规模最大、影响最深远的国际科研合作项目之一，也是中国在 20 世纪 80 年代以来参加的最大的国际科学工程合作项目（该计划的其他参与成员有欧盟、俄罗斯、韩国、日本、印度和美国）。ITER 将建成世界上第一个持续、稳定产生净能量的核聚变装置（净能量指的是输出的能量大于输入的能量）。2020 年 7 月，ITER 的重大工程安装启动仪式在法国南部举行，预计 2025 年完成组装并启动核聚变装置。

我国在 ITER 中承担了制造托卡马克某些部件的重要任务，我国自主研发设计的世界首座全超导托卡马克——EAST（Experimental Advanced Superconducting Tokamak）东方超环核聚变实验堆（也被称为中国的"人造太阳"），已经在 2020 年初取得了重大突破，该装置在 1 亿摄氏度的高温下维持运行了近 10 秒的时间，处于世界领先水平[28]。

可控核聚变的明天充满了希望，不过要想实现商业发电还有很长很长的路要走。

图 2-6-2 国际热核实验堆托卡马克示意图。
（图片来源：国际热核实验堆）

知识要点

核聚变反应的难点在于如何满足"劳森判据"。该判据规定了启动核聚变所需的温度、等离子体密度、约束时间这三个物理量所需要满足的条件：三项的乘积要大于一个阈值。

1

等离子体是物质的"第四态"，在这种状态下，物质的化学性质不复存在，物质就是一堆自由的原子核、电子组成的"浆糊"。

2

利用惯性来约束反应，就被称为"惯性约束"，惯性在这里就是一种保持聚变燃料不散开的压力，氢弹就是一种"惯性约束"。

3

最有可能实现商业化可控核聚变的方式是通过托卡马克产生环形磁场的"磁约束"。我国参加了 ITER，并自主研制了 EAST 东方超环，在这一领域达到世界领先的水平。

4

课后习题

选择题: 请选择最符合题意的一项或几项。

1. 关于原子弹和氢弹，哪个说法是错误的？（　　）

　　A. 一般而言，使用同等质量的爆炸燃料，氢弹释放的能量会大于原子弹

　　B. 一个铀 -235 原子裂变放出的能量，就可以摧毁一个城市

　　C. 到目前为止，氢弹还没有在战争中被实际使用的例子

　　D. 如果爆发核战争，可能会彻底摧毁人类赖以生存的生态环境

2. 关于"劳森判据"，以下哪个说法是正确的？（　　）

　　A. 温度必须大于某个很高的临界数值，才能发生聚变反应

　　B. 密度必须大于某个很高的临界数值，才能发生聚变反应

　　C. 反应时间必须大于某个很高的临界数值，才能发生聚变反应

　　D. 温度、密度和约束时间的乘积必须大于某个数值，才能发生聚变反应

3. 以下关于可控核聚变的叙述，正确的是（多选）：（　　）

　　A. 恒星中发生的聚变反应，依赖于恒星巨大的质量，这种反应条件可以在地球上实现

　　B. 可控核聚变的一种理论思路，是用磁场约束高温的等离子体，这种技术又叫作托卡马克

　　C. 可控核聚变的实现，不仅依赖于物理学的理论进展，还需要材料科学、工程学和计算机等其他技术一起进步

　　D. 可控核聚变技术在明年就会实现，因此现在购买相关股票肯定能够获利

　　答案：1. B；2. D；3. BC

延展阅读

氢弹、等离子体与惯性约束

1. 氢弹的威力

虽然氢弹中的核聚变反应并不可控，但是氢弹的威力远远大于同等质量的原子弹，这不仅仅是两次反应的叠加（核裂变 + 核聚变）大于一次反应（核裂变）的结果（实际上，还有一种氢弹被称为三相弹，它的爆炸过程有三个反应：核裂变 + 核聚变 + 核裂变），更重要的是，氢弹可以得到大得多的能量产出。

聚变反应每次释放的能量要小于典型的裂变反应，通过分析核反应方程式即可得到这一结论。

铀-235 核裂变反应方程为：

$$^{235}_{92}U + ^1_0n \rightarrow ^{144}_{56}Ba + ^{90}_{36}Kr + 2^1_0n + \sim 200\text{MeV}$$

也就是使用一个中子轰击一个铀-235 核可以产生 Ba-144，Kr-90 以及两个中子，还可以产生大约 200 MeV 的能量；

而对于氘氚核聚变反应方程为：

$$^2_1H + ^3_1H \rightarrow ^4_2He + ^1_0n + 17.59\text{MeV}$$

也就是氘氚核聚变反应可以产生一个氦核和一个中子，还可以产生大约 18 MeV 的能量。

因此，一次铀核裂变与氢核聚变产生的能量比是 200：18，约为 11：1。但是铀比（氘 + 氚）的质量要重约 47 倍，所以同等质量的核燃料，聚变产生的能量是裂变的 4.2 倍（用 47 除以 11.1）。

另外，氢弹的大小可以灵活调整，几乎没有上限，氢弹可以想造多大就造多大，而原子弹因为裂变燃料临界质量的存在，大小会受到一定限制。

美国投放在广岛的"小男孩"原子弹相当于 2 万吨 TNT 炸药爆炸的威力，而苏联制造的历史上最大的氢弹"沙皇氢弹"则相当于 5 000 万吨 TNT 炸药爆炸的威力。整体上看，氢弹的爆炸威力比原子弹大得多。

2. 等离子体

实际上，只要是电子和原子核自由地分开，混在一起，就是等离子体，无论是通过什么方式分开的。所以，等离子体有的温度很高，有的温度不高。温度不高的被称为低温等离子体，地球上常见的都是低温等离子体（例如，荧光灯的发光即为辉光放电）。

3. 补充资料—关于麻省理工学院（MIT）的最新核聚变研究进展

除了 ITER 之外，由 MIT 与 Commonwealth Fusion Systems（CFS）合作推进的一项创新研究计划——SPARC 项目也展现出巨大的潜力。SPARC 的名称"Smallest Possible ARC"包含"尽可能小"之意，ARC 则代表"Affordable、Robust、Compact"，即"经济、稳健、紧凑"。

因此，该项目的目标就是设计并建造一个既紧凑又具有高强度磁场的核聚变设施，其与 ITER 本质上都是通过控制等离子体来实现净能量增益的核聚变，但不同于建造时间较早的 ITER 的是，SPARC 借助如今更为先进的高温超导磁体技术，能够实现更低的建造和使用成本，为未来采用类似技术的商业核聚变应用奠定基础。SPARC 预计能够实现 100MW 的聚变功率，并且聚变增益 Q 值最高将有望达到 10，可实现较高的净能量产出。

预计 SPARC 将在 2025 年左右进行首次点火测试，并计划在 2030 年代初期启动后续计划，逐步推进商业化电力生产 [29]。

目前人们还只能利用核裂变的链式反应来发电，实际上，通过核裂变发电已经非常成熟了。早在1954年，苏联就建成了并开始运行世界上第一座民用核电站——奥布宁斯克核电站，这距离1945年美国根据核裂变反应制造的第一颗原子弹爆炸成功仅仅只有9年。奥布宁斯克核电站标志着核电时代的到来，也是人类和平利用原子能造福世界的开始。自此之后，美国、日本、英国、法国等国家也纷纷开始修建核电站以满足工业发展中迅速增加的电力需求。中国第一座自主设计、建造和运营的秦山核电站则在1991年建成并投入运行。对比其他传统的发电方式，比如火力（烧煤、烧油等）发电，核电具有环保的优势，属于清洁能源；而对比新兴的发电方式，比如风力、水力发电，太阳能发电等，核电具有发电量稳定的优势。一些国家已经根据自己的技术水平、能源策略等，将核电作为主要的发电方式之一。根据国际原子能机构2020年的统计数据，2019年全年，美国生产的全部电能中20%来自核能发电，而法国则有高达 71% 的电能来自核电 [30]。

那么，核电站到底是怎么把核能转换为电能的呢？

核电站最基本的物理原理之一就是能量的转换。核裂变时，根据爱因斯坦的质能方程，质量会变成巨大的能量，这些能量在宏观上可以表现为很高的温度。我们已经知道，物质都是由原子组成的，而原子无时无刻都在运动着，原子组成的分子同样也在运动着，分子运动得越快，说明它们的能量就越高，而它们组成的宏观物质的温度也越高，这种现象被称为分子热运动。在我们日常生活中，温度用来表示物体的冷热程度。但是从微观上讲，温度实际上体现的是物质分子热运动的剧烈程度，温度越高，物质的能量（也就是热能）也就越大，反之亦然。分子运动得越慢，它的能量也就越小。当分子运动得越来越慢以至于最后完全不动了的时候，它所体现出来的温度就是"绝对零度"。为什么温度可以无限地高，但最低就是绝对零度（-273.15℃）呢？其实就是因为达到绝对零度时，分子热运动就完全停止了，没有可能比这一时刻更慢了，也就没有比这一时刻更低的温度了。

那么，核电站到底是怎么把核能转换为电能的呢？

核裂变发生后，反应堆中有巨大的能量，这些能量体现为很高的温度。我们并不能直接利用这些能量，而是可以将核反应的热量传递给其他便于控制的东西（也叫作载热体），比如水。

　　我们可以想象，当某种物质的分子热运动非常快，也就是温度很高的时候，组成它的分子就会迅速来回撞。如果这种物质和另一种温度没有那么高的物质接触了，那么这些运动得快的分子也会不断撞击另一种物质里的分子，这样撞来撞去，最终另一种物质里的分子也被撞得运动快起来了，它的温度也就升高了。这就像是有些商店会雇人组成"气氛团"，这些人为了激活气氛，表现得很活跃，就能带动其他真正来消费的顾客，最终整个商店都变得更热闹了。

　　与此类似，人们将环路水管穿过反应堆，通过热量的传递，将核能转化为水的热能，这其实和我们平时"烧水"所用的原理是很类似的（图2-7-1）。水从反应堆流走时能够带走反应堆中的大量热能，因此水也被作为核反应的冷却剂来给反应堆降温，避免核反应产生的热量过高，以至于反应装置被熔毁——如果这种情况发生了，那就会成为后果极为严重的核事故了。那么，核反应堆内的温度到底有多高呢？

　　和大多数人想象的不同，核反应堆烧水的温度实际上并没有特别高，甚至比火电站烧水的温度（600℃）还要低。这主要是因为包裹核燃料芯块的壳在超过一定温度后（比如锆包壳是350℃）就会和水发生反应，从而把包壳弄坏，以至于核反应产生的巨大能量无法被稳定地控制。另外，考虑到安全因素，人们会控制核反应堆的温度。

　　接下来，获得了核反应产生的核能的高温高压水会沿着管道进入"蒸汽发生器"，在这里，一部分水会完全变成水蒸气，而另一部分水则会被冷却。

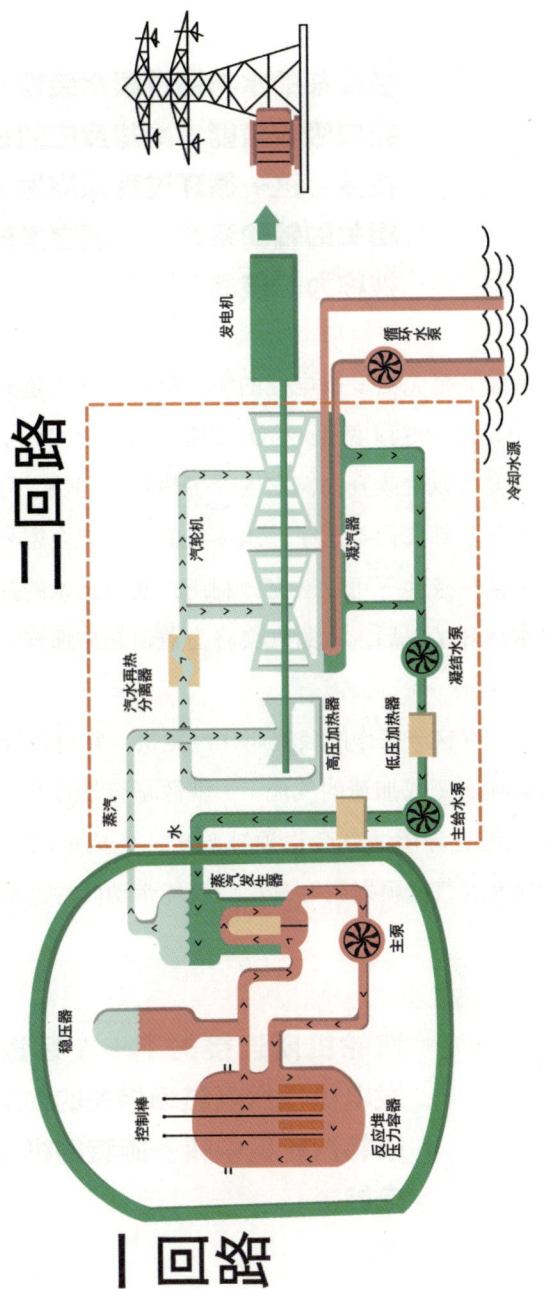

一回路

二回路

控制棒
稳压器
蒸汽发生器
主泵
反应堆压力容器
蒸汽
水
汽水再热分离器
高压加热器
低压加热器
主给水泵
凝结水泵
汽轮机
凝汽器
发电机
循环水泵
冷却水源

2-7-1 核电站原理流程图。

被冷却的水将通过泵水装置流入反应堆，完成吸收核能、冷却反应的任务，循环往复。这一循环过程被称为"一回路"，相关的辅助系统、厂房之类的合在一起被称为"核岛"。

那么，水的热能又是怎么变成电能的呢？温度实际上是分子热运动的表现，水的温度升高到一定程度（一个大气压下的100℃）就会变成水蒸气，而水蒸气的温度可以继续升高，它的分子热运动越快，分子就会飞得越远。许许多多的分子都飞得更远了，水蒸气的体积就会剧烈膨胀，这种剧烈膨胀的运动在某种条件下可以被充分利用，从而将水的热能转化为机械能。就像是把水烧开了以后，水蒸气会将壶盖顶起来那样，这也是蒸汽机的工作原理。

在核电站中，负责这一工作的装置叫作汽轮机，它可以让高温高压的蒸汽穿过固定的喷嘴而变成加速的气流——就像是突然松开一个充满气的气球的球嘴，空气经过球嘴，就会迅速被喷出，变成带动气球高速运动的气流——这种强大的气流喷射到叶片上，就能带动叶片连接的转子高速旋转。

汽轮机所连接的下一个装置是发电机，发电机根据电磁场相关的物理规律，可以将汽轮机中转子旋转的机械能转换为电能。

而汽轮机中已经做了功的蒸汽会被排入冷凝器，这些蒸汽会被循环的冷却水（比如江湖河或海水）冷却，从而凝固成水，这些水可以再次循环利用，通过蒸汽发生器变成蒸汽，这就是汽轮机的封闭循环，也被人称为"二回路"。其实二回路的系统，与常规的火力发电站内的相关系统类似，因此二回路和它的辅助系统及厂房也被称为"常规岛"。

当然，核电站还有保障安全、稳定系统、提高效率、处理核废料等的设备和系统。核电站发电的主要流程包括 4 个步骤：第一，核裂变产生核能；第二，将核能转换为热能；第三，将热能转换为机械能；第四，将机械能转换为电能。

2019 年，一部名为《切尔诺贝利》的美剧引发了大量关注和相关的话题讨论，在"豆瓣"上，几十万人为这部剧打出了 9.6 的高分。不得不承认，当我们提到核电站，许多时候人们都不太关心核能到底是怎么转化为电能的，也不是很在意核电站的发电效率等技术细节，而更多的是会想到骇人听闻的重大核事故。那么，核事故到底一般是哪个环节出现了问题呢？

就让我们来看看切尔诺贝利核电站吧，它位于乌克兰的首都基辅附近，它采用的反应堆被称为石墨沸水堆。这种反应堆的燃料棒被石墨包裹着，石墨可以用来给反应中的中子减速，而中子被减速之后就更容易和燃料铀 -235 的原子核发生碰撞，也就能够更好地促进核裂变链式反应的进行。给中子减速的石墨也就被称作慢化剂。为了更好地控制反应的速率，反应堆中还有许多"控制棒"：将控制棒插入燃料堆中，就可以吸收中子，中子变少了，反应速度自然也就变慢了；反之，将控制棒从燃料堆中拔出来，它就少吸收一些中子，反应中的中子就多了，反应速度也就变快了。

那么，切尔诺贝利事故又是怎么发生的呢？实际上，这次事故恰恰发生在一次安全测试中。1986 年 4 月 25 日，4 号反应堆准备测试一下在电力供应出现问题的时候，备用设备是否能够保证安全系统（特别是水泵）的正常运转。测试实验原计划在白天进行，因为白天上班的都是经验丰富的工程师和操作人员，所以能更好地把控实验进程。然而25日当天，基辅的用电有些紧张，因此临时决定白天让4号反应堆正常运行，以保证城市的用电需求。

直至夜幕降临，接近凌晨时分（26日0点—1点），工作人员才开始测试。也许是因为着急完成实验想早点回家睡觉，操作员在匆忙中把反应堆的能量输出功率降到很低，反应中产生了大量氙-135，这种氙能够吸收中子，中子少了，反应速度就会越来越慢，直到最后无法完成正常的测试实验。这一实验在此前已经连续失败了3次，如果这次还是失败，相关人员肯定难辞其咎。于是（26日1点—1点19分），为了提高反应速度，当时的负责人决定拔出控制棒，也许是太过于心急，他们手动抽出了几乎所有的控制棒，最终只留下了6个，而这远远低于安全章程中的要求。

另外，为了防止控制棒过少而导致安全系统自动停机，操作员还切断了自动保

不好，反应堆的功率上升了！

护系统（26 日 1 点 19—20 分）。反应堆的功率开始上升，操作员开始断电，准备进行备用设备发电实验（26 日 1 点 23 分 04 秒）。由于断电后水泵会短暂地停止泵水，没有循环水带走热量，反应堆的温度开始升高，反应堆里的水也因为沸腾而出现了很多气泡，水本身可以吸收中子，但是气泡吸收中子的能力就差很多，于是反应速度越来越快，反应堆的功率开始急剧增加，安全系统本来会在此时自动插入所有的控制棒进行停机，但不幸的是，自动系统已经被关了，只剩下刺耳的警报声在控制室中回响。

当终于意识到事情不太对的时候，操作员立即按下了紧急停机按钮（26 日 1 点 23 分 40 秒），可惜控制系统的设计存在漏洞，所有的控制棒需要经过 20 秒左右的时间才能插入，而且控制棒最先被插入的部分包裹了石墨，反而还会加剧反应。不仅如此，控制棒在插入的过程中，由于温度升得太高，反应物发生了熔化，控制棒甚至可能还卡住了。几乎是立刻（26 日 1 点 23 分 44 秒—47 秒），核反应堆发生了剧烈的爆炸，堆芯内高温高压的蒸汽掀飞了混凝土的建筑外壳，放射性燃料直喷云霄，熊熊大火染红了夜空。

这场历史上最严重的核事故导致 31 人当场死亡——他们中的大多数是仅把这一事故当成普通火灾而缺乏防护装备的消防员，十几万人被苏联政府紧急疏散，核电站方圆 30 千米的地方近 40 年来至今仍被列为禁区。

由于切尔诺贝利的反应堆没有完整的安全壳保护核燃料不泄漏，海量的放射性物质随大气流动污染了多个国家，在之后的几十年间，几万人由于暴露于放射性物质而重病或死亡。据估算，这场灾难带来的全部经济损失接近2 000亿美元，也给许多人留下了"谈核色变"的心理阴影。

此后的多年里，人们认真调查和总结了切尔诺贝利事件发生的原因。一方面，在核电站中加强安全教育和应急预案，提高工作人员的风险意识；另一方面，不断改进核电站安全、操控、冷却等系统的设计，并增加了各类新装置防止核燃料泄漏。

如今，将近90%的核电站都采用的是压水堆（如本章中所介绍的）技术，其安全性、稳定性也得到了很大的提升，只要能够按规章操作，核电站并没有许多人想象的那么危险，希望切尔诺贝利那样的悲剧再也不会重演了。

核物理学家对微观物质世界的研究从许多方面改变了人类社会，而随着物理学理论和实验的不断进步，在过去的60多年里，人们对原子核内又有了更加深入的理解和认识，对于更基本的粒子世界的研究也被称为粒子物理学。下一章将详细介绍更加神奇的粒子物理世界。

知识要点

核电站发电主要通过 4 个步骤：

（1）核裂变产生核能。

（2）利用水等物质作为载热体传递核反应产生的热能，将核能转换为热能。

（3）水被加热后变成水蒸气，水蒸气温度升高就会迅速膨胀，就可以推动汽轮机，将热能转换为机械能。

（4）汽轮机可以推动发电机中的导体在磁场中运动产生电流，将机械能转换为电能。

1

温度的本质是微观粒子运动剧烈程度的体现，温度越高，热运动越强烈，在 -273°C 时，热运动几乎停止，这一温度被称为绝对零度，也是温度的最低值。

2

切尔诺贝利事件是人类历史上最严重的核事故，它发生的原因与操作员误操作、安全意识不足以及核电站本身的设计缺陷都有关系。人们吸取了这一事故的经验和教训，改进了核电站设计并加强了安全措施。

3

课后习题

1. 以下关于目前人类利用核能的说法，哪个是错误的？（　　）

　　A. 人们可以利用核能来发电

　　B. 人们可以利用核能制造大规模杀伤性武器

　　C. 某新款洗衣机采用了美国 NASA 认证的核能发电机，可大幅提高洗
　　　　衣效率

　　D. 人们可以利用核能来为发动机提供动力

2. 以下关于核电站的说法，哪些是正确的（多选）？（　　）

　　A. 早在 1954 年，苏联就建成了世界上第一座民用核电站

　　B. 我国第一座自主设计的秦山核电站在 1991 年建成

　　C. 核电站的发电量已经占到全球总发电量的一半以上

　　D. 核电站会对环境产生巨大破坏和污染，核电概念的股票肯定会跌

3. 以下哪个选项说明了目前核电站将核能转化为电能的流程？（　　）

　　A. 核聚变—核能—机械能—热能—电能

　　B. 核聚变—核能—热能—机械能—电能

　　C. 核裂变—核能—生物能—机械能—电能

　　D. 核裂变—核能—热能—机械能—电能

4. 关于"温度"这个物理量，以下哪些说法是正确的（多选）？（　　）

　　A. 物质所具有的能量可以在宏观上表现为温度的高低

　　B. 温度体现的是物质分子热运动的剧烈程度

　　C. 温度可以无限地高，也可以无限地低

　　D. 分子热运动得越慢，能量越小，温度越低

5. 关于核反应堆，以下哪种说法是错误的？（　　）

　　A. 人们会将环路水管穿过核反应堆，通过热量的传递，将核能转化为水的热能

　　B. 水从反应堆中流走时可以带走反应堆中大量的热能，因此水可以作为冷却剂

　　C. 核反应堆中会发生核反应，因此它的温度非常高，可以达到几千摄氏度

　　D. 人们可以通过核反应堆中的温度检测装置得知核反应堆的温度

6. 以下哪些物理学原理被应用在核电站中（多选）？（　　）

　　A. 汽轮机和蒸汽机的工作原理类似，都可以将水的热能转化为机械能

　　B. 发电机利用了导体在磁场中做切割磁感线运动可以产生电流的原理

　　C. 核电站的部分工作原理同烧水、烧锅炉类似

　　D. 石墨可以通过给中子加速来加快核反应的速率

7. 关于切尔诺贝利核电站事故，以下哪些说法是正确的（多选）？（　　）

　　A. 苏联的切尔诺贝利核电站事故是至今为止最严重的核电站事故

B. 日本的福岛核电站事故是继切尔诺贝利核电站事故后第二大严重的核事故

C. 美国派遣的间谍导致了切尔诺贝利核电站事故的发生

D. 操作人员应该在系统报警后拔出所有的控制棒来紧急停机

答案：1. C；2. AB；3. D；4. ABD；5. C；6. ABC；7. AB

延展阅读

辐射到底对人体有什么伤害？

自然界中处处有辐射，无论是来自宇宙的射线，还是食物中的放射性核素，抑或是地底释放的氡气，或者是电话、电脑、微波炉所涉及的电磁辐射，没有人能够避免受到辐射。

首先，我们需要了解与辐射有关的概念。辐射（英文名：Radiation）是指能量以电磁波或粒子的形式向外扩散。物体温度只要高于绝对零度，就会不断地产生辐射，辐射出去的能量可以是电磁波也可以是粒子。

辐射的分类包括：

（1）按传播形式分类：

电磁辐射：由光子组成，通过电磁波传播，能流由电场与磁场的叉乘决定。按照频率从低到高，电磁辐射可以分为无线电波、微波、红外线、可见光、紫外线、X射线、γ射线。

粒子辐射：由静能非零的粒子组成，通常与微观粒子的电离或核反应有关。主要包括α射线、β射线、中子辐射、质子辐射、重离子辐射等。

声波辐射：主要由介质的振动传播，包括次声波、可听声波、超声波、次超声波、高频超声波、冲击波、地震波等。

引力辐射：根据广义相对论的理论，引力辐射来自质量不为零的物体的运动，由引力波传播。

（2）按能量高低或电离物质的能力分类：

非电离辐射：携带的能量较低，当其与物质相互作用时，无法使物质电离。常见的非电离辐射包括光辐射、热辐射、微波辐射、无线电波、红外线、紫外线、激光等。我们日常活动中所接触到的打电话、坐地铁、乘高铁、看电视、烧水、使用微波炉、吹风机、电脑、路由器等行为受到的辐射也都是非电离辐射。非电离辐射会加速分子运动而产生热效应，使物体升温，原理和晒太阳相似。

电离辐射：高能射线，可使原子或分子发生电离，从而对物质造成损害，因此需要注意防护。电离辐射包括 α 射线、β 射线、中子等高能粒子流和 γ 射线、X 射线等高能电磁波。

对"电离"的解释：使物质里中性的原子或分子电离，是指在强电磁场或者高能射线等的作用下造成原子或分子里的电子减少或增加，从而成为带电的离子。

（3）按来源分类：

天然辐射：自然界天然存在的一些辐射源对人类的照射。主要来自太阳、宇宙射线及地壳中的放射性核素等。

人工辐射：人类活动产生的辐射源对人类的照射。例如，核技术的应用、医疗设备的辐射（如 X 射线诊断）、工业辐射（如核能发电、核燃料处理等）等。

只有高能量的电离辐射会对人体产生伤害，而较低能量的非电离射线对人体并没有什么危害。因为只有高能量的粒子能够穿过人体，而这些高能量辐射很可能会将人体内原子的电子撞飞，从而打碎 DNA 和细胞的分子结构。如果细胞被破坏，它的功能就会受到影响，而 DNA 的结构被破坏，就会使细胞的重建和修复功能受到损害，从而诱发癌症。

暴露在能量高、剂量大的高能辐射中，就会使人体受到更严重的影响。具体而言，电离辐射可以造成两种生物效应：

（1）确定性效应：此类效应有阈值，其严重程度和发生概率与剂量大小有关。切尔诺贝利核电站事故中的消防员，受到大剂量急性照射，导致急性放射病和死亡。

急性放射病所引发的各种症状和反应，就属于确定性效应。反之，普通人在日常生活中接受到微量的辐射照射，剂量低于引起确定性效应的最小阈值，就不会有相关症状。

（2）随机性效应：在电离辐射作用下，单个细胞发生改变，如恶性转化或遗传性变化，所引发的严重后果。随机性效应包括引起受照射本人的躯体效应（主要表现为白血病和癌症），以及在受照射后代所诱发的遗传效应。

至于日常生活中的非电离辐射，由于其本身的能量有限，无法穿透人体，也不会影响到人体内细胞和 DNA 的分子结构，所以对人体的影响微乎其微。至于许多商家宣传的孕妇辐射服、微波炉防辐射盖，或者防辐射手机壳等产品实际上都是不需要的。

第 3 章

粒子物理前沿

粒子物理学入门（一）：
物质由什么构成的

回顾物理学的发展史，我们现在已经知道，质子和中子并不是最小的东西。专门研究"到底构成物质的最小颗粒是什么"这个问题的物理学分支被称作粒子物理学（Particle Physics）。粒子物理学家们的目标就是寻找最小的用现有技术不能再分割的颗粒，以及这些颗粒通过什么样的相互作用构成微观和宏观世界的物质。

在过去的 60 年里，物理学家们逐步开发并完善了粒子物理的"标准模型"，这一模型能够非常精确地描述物质的构成及作用在它们身上的力。虽然我们已经知道标准模型并不全面（有一些现象它还无法解释），但它已经是这一领域的科学家在当前阶段给出的最好答案。首先，标准模型有两个最基本的原则：

1. 所有的物质都是由被称为"费米子"的一类基本粒子组成。"费米子"可以说是现在所知的最小的实物基本粒子（如夸克、电子，等等），也包括一些（或很多）费米子结合起来的复合粒子（如质子、中子、五夸克态粒子，等等）。

2.所有的"费米子"之间的相互作用是通过交换被称为"玻色子"的另一类基本粒子来实现的。

所有物质都是由"费米子"组成的是什么意思呢？如字面所述，世间万物，从恒星（比如太阳）到行星（比如火星、地球、沙滩、各种物理指标等），到人们所见的和可能看不见的一切物质（水、天空、钢铁、空气等），再到每一个活生生的人和飞禽走兽，所有这些都由被称为"费米子"的基本粒子组成。我们这个世界就好像是用积木块搭建起来的，几种基础的积木（比如正方形、长方形、圆形、三角形等）就能搭出房子、飞机和变形金刚等。那么，标准模型中，积木块就是费米子，而那些基础的积木块就是各种各样的"基本粒子"中的费米子。

那么，费米子到底都有哪些成员呢，基本粒子一共有哪些种类呢？到今天，物理学家们一共找到了12种基本的费米粒子，就是它们构成从太阳到人、植物、微生物等一切物质。这12种基本费米粒子被分成两类，一类叫夸克，另一类叫轻子，每类各有6种。

早在 20 世纪 60 年代，美国物理学家盖尔曼就提出"夸克理论"，他认为 3 个夸克可以构成质子或中子，由于质子和中子的性质不一样，构成它们的夸克也不一样。

据说，盖尔曼用"夸克"这个奇怪的词来命名，是因为盖尔曼是个鸟类爱好者，他就想用类似鸭子或海鸥的叫声来作为这种基本粒子的名字。由于夸克确实具有不少稀奇古怪的性质，与传统物理学对基本粒子的认识不太一样，也很难解释这些性质是怎么回事儿，盖尔曼觉得用这种非传统命名的方式是合适的。有传闻说，盖尔曼在翻阅著名的意识流作家詹姆斯·乔伊斯的小说《芬尼根的守灵夜》时，看到了这样一句话："Three quarks for Muster Mark"（给马克王 3 个夸克），这里"3 个夸克"恰好和 3 个夸克组成质子或中子对上了，于是盖尔曼就确定了这种基本粒子最终的名字——"夸克"[31]。

就这我也感觉复杂！

那么，夸克到底是怎么构成质子或中子的呢？盖尔曼的理论中描述了上夸克和下夸克，上夸克带有 2/3 个正电荷，下夸克带有 1/3 个负电荷。质子带 1 个正电荷，中子带电荷数为 0，那么简单地算一下，就会发现 2 个上夸克合计带 4/3 的正电荷，它和 1 个带 1/3 负电荷的下夸克能够组成带 1 个正电荷的质子，而 1 个带 2/3 正电荷的上夸克和 2 个各带 1/3 负电荷的下夸克就能构成一个电荷数为 0 的中子。

1/3 和 2/3 这个特定的数值有什么意义吗？为什么不是 1/2 或者 1/4？人们又是怎么测出来的 1/3 和 2/3？不是说电子所带的 1 个负电荷就是最小的电荷数吗？1/3 或者 2/3 个电荷到底又是什么意思呢？

实际上，这个 1/3 和 2/3 的电荷数根本不是人们测出来的，直到现在，物理学家能够测出来的最小的电荷数确实就是电子所带的 1 个负电荷，人们也一直尝试通过测出非整数的电荷量去识别单独的夸克，但是怎么测也测不出来。那 1/3 和 2/3 这两个数是怎么来的呢？其实，这完全是人们在研究实验结果后，用数学公式算出来的。简单来说，就有点像我们解方程组。设两种夸克的电荷量分别为 x 和 y，知道它们构成质子和中子的电荷量，求 x 和 y，我们已知：

$$2x+y=1 \text{ 和 } x+2y=0$$

联立这个方程组，求解后就得到 $x = 2/3$，$y = -1/3$。

说起来，这真是幸运的巧合，如果夸克不能组成恰好带 1 个正电荷的质子去中和带 1 个负电荷的电子，那也就永远无法得到稳定的中性原子了。在那种不幸的宇宙里，我们根本不会存在，因为不会有什么东西能组成物质世界，也就更不会有生命。总之，我们宇宙里的上下夸克携带的电荷数恰到好处，它们组成的质子和中子结合成原子核，核外电子呈概率云分布，原子核与电子共同组成了电中性的稳定原子，原子聚合在一起形成分子，这些分子又构成了我们周围的一切事物，也构成了此时此刻正在学习这些知识的你和我。

除了上下夸克，盖尔曼在他的理论中还描述了第 3 种夸克：奇异夸克。之后，人们在对撞粒子的各种实验中，发现这些夸克除了能构成质子和中子，还可以组合成其他几十上百种不太常见的粒子，可以是两两组合，也可以是 3 个，甚至 4 个或 5 个夸克组合在一起，人们就把夸克组成的东西统称为"强子"。CERN 建造了一个目前世界上能量最高的对撞机——大型强子对撞机（Large Hardon Collider，LHC），这里面的"强子"其实指的就是夸克组成的粒子（质子和中子都是强子）。LHC 里的"大型"指的是对撞机个头和能量十分巨大，可不要理解成强子本身的个头十分巨大了，实际上强子的个头非常非常小（图 3-1-1）。

图 3-1-1 CERN 的图标（左）和安装在地下约 100m 深、约 27km 长的
隧道里的 LHC（右）。

　　前面第 1 章第 4 节中曾介绍过丁肇中和里克特团队发现的 J/ψ 粒子改变了人们对"夸克理论"的认识，就是因为实验中对撞出来的这种粒子显然不是由盖尔曼说的那 3 种夸克构成的，于是人们发现了第 4 种夸克，就是粲夸克。这 4 种夸克到底是什么关系呢？于是物理学家把已有的 4 种夸克划分成两代，每代有 2 种夸克，而且预言了可能有第 3 代夸克，称作顶夸克和底夸克。

　　1977 年，底夸克在美国费米国家实验室被发现，而直到 1995 年，同一实验室的 Tevatron 对撞机上才发现了最后一个夸克——顶夸克。就这样，夸克理论被逐步发展和完善，最终成为粒子物理的标准模型的一部分。

　　那么，轻子又是什么呢？我们最熟悉的电子就是质量最轻的一种轻子，另外一种重要的轻子是中微子，大家可以在延伸阅读中自行学习。

总之，理论物理学家们尝试把实验中发现的各种东西统一到标准模型中，他们把性质相似的东西分门别类，发现轻子恰好也能分成 3 代 6 种，于是就得到了一个类似元素周期表的粒子物理标准模型表。

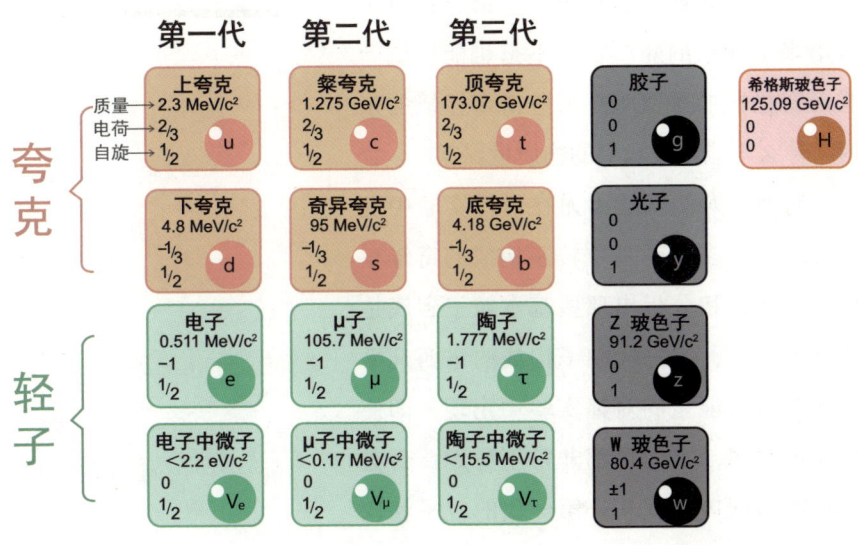

图 3-1-2 粒子物理标准模型表。

在这个表里，每一个纵列的基本粒子就是"一代"，第一代里的基本粒子组成当今宇宙中各种物质（从太阳到地球，从手机到你的大脑，所有的"东西"都不例外），而第二、第三代中的粒子和第一代中的几乎完全一样，它们都具有相同的电荷、自旋和力的作用，唯一的区别就是从第一代到第三代，粒子的质量逐步增加，而且它们增加的数值并没有什么特别的规律。

比如，顶夸克作为一个基本粒子，它的质量是质子的 175 倍，几乎和金原子的质量差不多。

如果第一代基本粒子就能组成宇宙里几乎所有的东西，那么第二、第三代粒子是用来干什么的呢？它们不是也能构成一些奇奇怪怪的东西吗？那些奇奇怪怪的东西为什么不能构成我们的物质世界呢？

的确，人们就是因为在对撞实验中发现了许许多多各种基本粒子构成的奇怪东西，才计算和分析出那些基本粒子到底是什么。第二、第三代粒子构成的东西几乎只能在极高能量的对撞实验中出现，即使被撞出来了，它们也都非常不稳定，会在极短的时间内衰变——第一代的粒子就像能够良好拼接在一起的积木块，而第二、第三代的粒子则像是完全光滑的圆形积木块，即使用很大力气（极高的能量）把它们按在一起，它们也会几乎立刻就散架了，从而无法构成任何长久存在的世间万物。实际上，在宇宙大爆炸之初，所有的 12 种基本的费米子都曾经普遍存在过，但是爆出的宇宙迅速冷却，重费米子很快就衰变成第一代费米子，发展至今已经冷却了太久，

除了宇宙射线中的 μ 子之外，第二、第三代的其他费米子在自然界中都不再存在了，只有在加速器的对撞实验上才能产生这些粒子。

为什么会有 3 代粒子，而且它们的质量也不同呢？为什么第二、第三代的粒子不能构成稳定的东西呢？如果不能构成稳定的东西，那么它们存在的意义到底是什么呢？这些问题我们目前还无法解释。

我们不知道为什么物质会按照现有的方式组成，也不知道它们除此之外能否按照其他方式组成，人类目前的知识和技术限制了我们像搭积木一样随意操弄物质世界的基本构成物件。我们并没有在最基础的层次上认识到宇宙中所有的东西组合在一起的原因是什么，我们只能说在现有技术下发现的基本粒子是至今发现的最小的东西，也许未来人们的技术提高很多后还可能发现更小的东西呢！

我们能做的就是一代又一代的物理学家在理论和实验基础上，尝试给出最好的答案去描述和分析整个物质世界。这就驱使我们建造更大型的加速器，希望能撞出新粒子，或者发现已有粒子的新性质，而通过不断研究这些基本粒子，我们就可以对物质世界最底层的真相有更深入的了解。

知识要点

粒子物理的标准模型描述了组成宇宙万物的 12 种基本的费米子，它们分为夸克和轻子两种，每种各 6 个，又被分为三代，每一代性质类似，质量则逐渐增大。夸克会受到强相互作用，它们组成的东西被称为强子。

1

上夸克携带 2/3 个正电荷，下夸克携带 1/3 个负电荷，2 个上夸克和 1 个下夸克构成质子，1 个上夸克和 2 个下夸克构成中子。质子、中子构成原子核，核外电子呈概率云分布，它们共同组成原子，原子组成分子，分子构成世间万物。

2

我们不知道宇宙为什么这样构成，只知道大概是这样构成的，正是这些未知的问题驱使粒子物理学不断探索更深层次的关于物质世界的根本问题，争取不断加深人类对物质世界最底层真相的理解。

3

课后习题

选择题：请选择最符合题意的一项或几项。

1.关于粒子物理学这门学科，以下哪些说法是正确的（多选）（　　）？

　　A. 粒子物理学主要研究的是构成物质的最小颗粒

　　B. 粒子物理学是物理学的一门分支学科

　　C. 粒子物理学是一门古老的学科，有着 2 000 年的发展历史

　　D. 粒子物理学已经十分完美地解释了整个物质世界

2.关于粒子物理的标准模型，以下哪种说法是错误的？（　　）

　　A. 这一模型能够精确地描述物质的构成及作用在它们身上的力

　　B. "粒子物理学之父"盖尔曼单枪匹马地提出了标准模型，并获得了诺贝尔物理学奖

　　C. 粒子物理的标准模型认为：所有的物质都是由实物粒子组成的

　　D. 粒子物理的标准模型认为：所有实物基本粒子之间的力是由传递相互作用的基本粒子来实现的

3.以下哪些是能够相互结合构成物质的实物基本粒子（多选）？（　　）

　　A. 中子　　　　B. 电子　　　　C. 光子　　　　D. 上夸克

4.关于"基本粒子"这一概念，以下哪种说法是正确的？（　　）

　　A. 基本粒子指的就是原子核里的各种物质

　　B. 人们今天认识到，基本粒子多达几十上百种

C. 粒子物理的标准模型中提到的基本粒子只有 12 种

D. 人们对基本粒子的理解随着物理学的发展在不断变化

5. 以下关于"夸克"的说法,哪种是错误的?(　　)

A. 美国物理学家盖尔曼提出"夸克"是一种基本粒子

B. 夸克可以构成质子和中子

C. 上夸克带有 2/3 个正电荷,下夸克带有 1/3 个正电荷,因此,1 个上夸克加上 1 个下夸克就可以构成 1 个带 1 个正电荷的质子

D. 上夸克和下夸克所携带的电荷数是物理学家推算出来的,并不能够在实验中真正测出来

6. 如果有一天美籍华人著名物理学家丁肇中来到你所在的学校演讲,那么,你可以事先查阅以下哪些内容,以便更好地理解丁肇中可能会讲到的内容(多选)?(　　)

A. 夸克理论的发展

B. J/ψ 粒子是什么

C. 粒子物理的标准模型

D. 詹姆斯·乔伊斯的《芬尼根的守灵夜》

7. 关于大型强子对撞机,以下哪种说法是错误的?(　　)

A. 大型强子对撞机的英文是 LHC —— Large Hardon Collidar

B. 大型强子对撞机中使用的强子个头十分巨大

C. 大型强子对撞机机器本身的个头十分巨大

D. 大型强子对撞机是目前世界上对撞能量最高的对撞机

8. 以下关于粒子物理的标准模型，哪些说法是正确的？（多选）（ ）

A. 标准模型中第一代的基本粒子就能组成宇宙里几乎所有的东西

B. 今天人们提到"基本粒子"，指的都是标准模型中描述的粒子

C. 标准模型中的实物粒子有三代，每一代的质量都是前一代的 10 倍

D. 标准模型并不是完美的，只是现阶段粒子物理学家能够给出的最好的答案

答案：1. AB；2. B；3. BD；4. D；5. C；6. ABC；7. B；8. ABD

延展阅读

中微子

4 次诺贝尔物理学奖与之相关：1988 年、1995 年、2002 年和 2015 年。

只受弱相互作用，在很多种粒子的衰变中都会出现。

不带电、不受电磁相互作用，它可以轻易穿过身体，但是不会像其他的粒子那样打飞电子，所以对我们没有任何伤害。

如何观测中微子？

可在水中或冰中通过切伦科夫效应观测中微子。当中微子与介质中的原子核碰撞时，可能产生高速带电粒子，这些粒子若速度超过介质中的光速，会激发出切伦科夫辐射[1]，发出微弱蓝光。通过将探测器深埋地下或嵌入冰层（世界上最大的中微子探测器"冰立方"就建设在南极以利用全球最大的冰盖），既能借助大体积增加靶核数量、提升探测概率，又能屏蔽宇宙射线干扰。周围布设的光电倍增管阵列最终捕获这些光信号，解析出中微子的存在等物理信息。除了利用水和冰，还可以通过其他方式，例如首次探测到太阳中微子的霍姆斯塔克实验（该实验在位于美国南达科他州的霍姆斯塔克金矿中进行），使用大量四氯乙烯液体，当中微子撞在氯核上，通过弱相互作用，会有很小的概率把氯核变成氩核，从而探测到中微子。

中微子振荡

标准模型无法解释中微子的质量。

中微子是"左撇子"，没有镜像（宇称不对称）。

不同代中的中微子可以互相转换（称之为"中微子振荡"）。

1　切伦科夫（Pavel Alekseyevich Cherenkov，1904—1990 年），苏联物理学家。

粒子物理学入门（二）：物质之间的相互作用

从恒星的诞生、行星的形成，到地球上生物出现与进化，以及我们日常生活中发生的一切事情：包括此时此刻你正在学习，你大脑里传递着神经信号，你面前的纸上显示着文字，你眼睛里看到了书上写的话——所有这些都是各种不同的物质间发生了各种相互作用的结果，这听起来实在是太不可思议了。想想看，一切你能感受到或感受不到的事情，在你出生前，甚至在地球诞生前发生的所有事情，以及在宇宙未来的演化中将要发生的所有事情，都是因为 12 种基本粒子间发生的相互作用。那么这些相互作用到底是什么，物质又是如何相互作用于彼此的呢？这就是粒子物理学家在研究构成世间万物的物质之外，另一个重要的研究问题。

粒子物理的标准模型有两个原则，第一个是 12 种基本粒子构成一切物质，第二个就是关于这些物质是如何作用于彼此的。假如物质之间没有相互作用，基本粒子将只能孤零零地飘浮在宇宙的真空之中，就像一锅死气沉沉的基本粒子粥——它们无法组成任何东西，也就不会有世间万物和其中发生的一切。那么，到底是什么让夸克粘在一起组成质子和中子，又是什么使得异性电荷相吸、同性电荷相斥呢？

当代物理学认为，物质之间存在 4 种不同的基本相互作用，世界上所有关于物质的物理现象，都可以借助这 4 种基本相互作用来描述和解释。简单地说，物质就是通过这 4 种相互作用吸引或者排斥，从而构成了宇宙中的一切物质和一切物理现象。

这 4 种相互作用是什么呢？第一种就是我们最熟悉的引力（重力相互作用），这种相互作用存在于任何有质量的两个物体之间，而且这两个物体的质量越大，引力就越大，这两个物体之间的距离越大，引力则越小。几乎所有的物质都有质量，因此引力可以广泛地作用在几乎所有的物质上，所以又称为"万有引力"，它能够吸引物质相互靠近。比如，地球围绕太阳转，月球围绕地球转，主要都是由于地球和太阳之间、月球和地球之间存在着引力作用。

还有一些生活中的现象，比如人不能跳得太高，扔出去的东西最终总是会落在地上，这都是地球上的物体和地球之间的引力作用导致的。虽然引力在生活中很常见，但它的作用力却是 4 种相互作用里最弱的。到底有多弱呢？差不多只有第二种相互作用——也就是电磁力的 10^{-38} 左右。只有拥有天体级别质量的物体才会体现出明显的引力作用，而我们日常生活中见到的物质（包括我们自己），相互之间的引力作用微乎其微，但是地球和我们人体之间的作用还是可以感知的，至于原子级别的物质，那更是可以把引力忽略不计了。

第二种相互作用是我们非常熟悉的电磁相互作用，这种相互作用使得电性相同的电荷之间相互排斥，电性相异的电荷之间相互吸引。只要物质粒子带有电荷，它就会同另一个带有电荷的物质发生电磁力作用。电磁力和引力相互作用一样，都能在宇宙尺度上发挥巨大的作用，但是与引力使物质相互吸引不同，电磁力既能使物质相互靠近结合，也能使物质相互排斥疏远。在原子核外的世界，除了引力作用，所有其他任何力的作用的本质都是电磁相互作用，电磁力是构建我们现在的物质世界的重要作用。

那么，电磁力到底是如何参与构建物质世界的呢？我们知道，原子中心是原子核，核外运动的电子的电场就像一层弹簧床垫一样包围着原子。床垫中充满了垂直的弹簧，当两个原子彼此靠近时，它们外围的电子产生的电场弹簧就会被压缩，距离越近，压缩得越厉害，阻力也越大，这就是电磁

苹果怎么掉了？

力的排斥作用。虽然原子里 99% 以上的地方都是真空，但电磁力却可以使原子组成的物质看上去是坚实且不可穿透的。在日常生活中，每时每刻你都会受到电磁力的排斥作用——比如，你坐在椅子上，椅子腿不会穿过地板掉下去，这就是因为椅子里的原子和地板上的原子之间有电磁力的排斥作用，它使得原子可以保持相对的稳定结构，并能够在此基础上构建出更加复杂的结构。

既然原子之间有相互排斥的电磁力，那么为什么原子还能聚集到一起构成结构更加复杂的物质呢？

其实这也是由于电磁力，只不过此时是电磁力的吸引作用，这种作用在化学学科中又被称为"化学键"。比如，你可以使两个或两个以上的原子共同使用它们的外层电子，当这些电子云重叠后，带负电的电子云与带正电的原子核之间就会相互吸引，在一定条件下，这些原子就可以组合到一起去形成比较稳定的分子结构。分子和分子之间也会受到电磁力的吸引作用而相互组合到一起构成各种各样的宏观世界里的物质。对分子间的作用力的研究是

既然原子之间有相互排斥的电磁力，那么为什么原子还能聚集到一起构成结构更加复杂的物质呢？

化学和材料学领域的工作。

我们在学习物质世界规律的时候，一定要注意区分是对物质的哪一个层面进行研究，简单地将微观层面（比如原子内基本粒子）的性质照搬到宏观层面（比如化合物或者生物），就会闹出很大的笑话。自然科学中不同的学科研究不同层次的东西，比如物质的分子结构及性质主要是化学关注的问题，而蛋白质结构或者生命结构及其性质则是生命科学（也就是生物学）关注的问题，至于原子结构及其性质才是粒子物理学关注的问题。当然，在宏观世界也有很多物理学研究的东西，例如宇宙尺度上的问题，也可由物理的分支学科去研究（比如天体物理和宇宙学等）。

在同样的条件下（同样质量的物体、同样的距离等），电磁相互作用比引力的影响力要大 10^{38} 倍。我们随便找一块小磁铁，就能吸住一枚铁钉。铁钉受到地球的引力，但是却可以被小磁铁的电磁力牢牢吸住而不会掉在地上。一小块磁铁就能抗衡整个地球的引力，可见引力确实是非常非常弱了。另一个简单的证据就是家里的冰箱贴，当我们把它贴在冰箱上，冰箱贴不会因为地

冰箱贴磁力真强。

球的重力作用掉到地上，而是牢牢地贴在冰箱门上，就是因为冰箱贴受到了冰箱在水平方向的电磁相互作用转化为垂直于地面的摩擦力，它远远大于冰箱贴受到的地球引力作用。

那么，电磁相互作用是最强大的力吗？其实不是，还有第三种基本相互作用，也就是强相互作用，论"力大无穷"的话，它才是4种基本相互作用中最强大的。为什么说它比电磁相互作用还要厉害呢？质子是2个带2/3正电荷的上夸克和1个带1/3负电荷的下夸克组成的，正常来说，两个带正电荷的东西在电磁力的作用下应该相互排斥，怎么才能被撮合在一起呢？正是因为强相互作用的吸引力比电磁相互作用强成百上千倍，所以强相互作用能够克服电磁斥力，于是不同的夸克就能够相互粘在一起，最后组成质子和中子。

强相互作用还可以克服质子之间电磁斥力，使得多个质子和中子能够粘在一起，待在同一个原子核里，从而组成各种各样不同的原子核，也就能组成不同元素的原子。

如果没有强相互作用，只有电磁力，那么因为质子之间互相排斥，无法构成原子核，也就无法组成任何物质了！不过，电磁力的影响范围比强相互作用大得多，强相互作用只能在很短的距离内起作用，具体而言，强相互作用只能发生在原子核那么小的空间里，范围只有 10^{-15}m，超出这个范围，比如在原子组成分子的层面上，就是电磁力起作用了。并且，强相互作用只能作用在夸克以及由夸克组成的质子、中子等强子上（轻子，包括电子和中微子，都不会受到强相互作用的影响）。核裂变、核聚变反应能够发生都离不开强相互作用。

最后一种相互作用叫作弱相互作用，它负责物质的衰变和放射性。第2章第1节讲到，天然物质可以放射出3种不同的射线，正是弱相互作用将它们从原子核内部扔出来的。弱相互作用的作用距离和强相互作用差不多，在原子核外都看不到，它的能力也不是很强大，但是比引力还是要强许多（强二十几个数量级）。1968年，物理学家们提出将弱相互作用和电磁相互作用统一起来的理论。1983年，W和Z玻色子被欧洲核子研究中心（CERN）的实验发现，证实了上述理论。人们把W、Z玻色子放入与电磁相互作用相同的理论框架中，电磁力和弱相互作用也就能用同样的理论进行描述和解释了，从此以后，我们就把这两种相互作用统称为"电弱相互作用"。

总之，强相互作用使夸克能够组成质子和中子，并构成原子核；电弱相互作用使得原子核与电子能够组成原子，原子可以组成分子，分子又可以形成各种结构直至构成生命体；而引力相互作用主导了宇宙中天体的运动（比如恒星和行星的诞生），为一切生命活动提供了摇篮；最终这几种相互作用共同构成了丰富多彩的物质世界。

知识要点

自然界一共存在 4 种基本相互作用：引力相互作用、电磁相互作用、强相互作用和弱相互作用。

1

引力作用在宏观尺度，宇宙中的天文现象都可以用它解释，日常生活中也有许多应用，但它的强度却是最小的。

2

强相互作用是最强大的，但是它只能作用在夸克上，范围局限在原子核内；电磁相互作用是第二强大的，从微观粒子到宏观尺度的宇宙，电磁力都能发挥作用；强相互作用使得夸克可以组成质子、中子，而电磁相互作用使质子、中子、电子组成原子，它们共同作用，构建了宇宙的万事万物。

3

弱相互作用负责粒子衰减和放射性，它的作用距离和强相互作用差不多，强度倒数第二。弱相互作用可以用与电磁相互作用相同的理论框架来解释和表达，因此它们被统一起来，称为电弱相互作用。

4

课后习题

1. 物质之间通过 4 种基本相互作用来作用于彼此，以下关于基本相互作用的说法，哪些是正确的（多选）（　　）？

   A. 世界上所有事物之间的物理关系都可以用 4 种基本相互作用来描述和解释

   B. 4 种基本相互作用是人类存在之后才出现的

   C. 4 种基本相互作用包括引力、电磁力、强相互作用和弱相互作用

   D. 如果没有基本相互作用，基本粒子就不能组成任何东西

2. 以下关于引力的说法，哪个是错误的？（　　）

   A. 引力的大小和物质的质量成正比

   B. 引力既可以使物体相互吸引，也可以使物体相互排斥

   C. 人在地球上，每时每刻都会受到地球的引力作用

   D. 两个物体之间引力的大小和它们之间的距离成反比关系

3. 以下关于电磁力的说法，哪个是错误的？（　　）

   A. 电磁力只能作用在带电荷的基本粒子上

   B. 电荷同性相斥、异性相吸

   C. 在原子核的尺度之外，除了引力作用，所有其他任何力的作用都是电磁相互作用

   D. 椅子不会穿过地板掉下去是因为椅子和地板之间有电磁吸引力，可以把椅子和地板牢牢地吸在一起

4. 王小明在上了物理课之后，跟朋友聊天显摆自己学到的知识，以下是他对朋友说的话，这些话哪些是正确的（多选）？（　　）

　　A. 电磁力比引力强大得多，比如：两块小磁铁之间的电磁吸引力可以抵抗整个地球对小磁铁的引力，所以冰箱贴可以贴在冰箱上而不是掉下来

　　B. 电磁力的吸引作用可以使得原子构成分子

　　C. 两个人是否适合在一起也跟电磁力相关，如果适合在一起就说明两个人所带的电磁力是异性的，所以异性相吸；如果是同性的就相斥，所以不适合在一起

　　D. 电磁力的排斥作用可以使原子保持相对稳定的结构

5. 关于强相互作用，以下哪些说法是正确的（多选）？（　　）

　　A. 强相互作用是最强大的一种基本相互作用

　　B. 强相互作用可以克服电磁斥力，将夸克黏在一起组成质子、中子

　　C. 一个人出生的时候，会受到宇宙中各种行星、恒星、黑洞等对他的强相互作用，所以人的性格、命运和他的星座密切相关

　　D. 核裂变、核聚变反应的发生都离不开强相互作用

6. 关于弱相互作用，以下哪种说法是错误的？（　　）

　　A. 顾名思义，弱相互作用是所有基本相互作用中最弱的

　　B. 描述和解释电磁相互作用的理论框架也可以用来解释弱相互作用

　　C. 电弱相互作用指的就是被统一起来的电磁力和弱相互作用力

　　D. W 玻色子和 Z 玻色子是传递弱相互作用的基本粒子

7. 以下关于 4 种基本相互作用的说法，哪些是正确的（多选）？（　　）

A. 强相互作用使夸克能够组成质子、中子并构成原子核

B. 原子核和电子在弱相互作用下可以构成原子

C. 原子可以通过化学键构成各式各样的分子

D. 引力相互作用主导了宇宙中天体的运动

8. 你在路上碰到了一位和尚，他认为你非常有"慧根"，希望你捐出 500 块钱结"善缘"，他提出的以下哪种说法具有物理学依据？（　　）

A. 施主，我看你六根清奇，颇有宇宙大爆炸之初 6 种夸克相生相克的气势

B. 你这种独特的慧根，是世界万物通过强弱力相互作用的结果

C. 我可以通过做法事把你聚集在钱上的生命能量转化到你家人身上，保佑他们不受邪恶的外力作用

D. 以上哪个说法都没有物理学依据，他就是为了骗你的钱

答案：1. ACD；2. B；3. D；4. ABD；5. ABD；6. A；7. ACD；8. D

延展阅读

无处不在的电磁相互作用

前文中我们以冰箱贴和小磁铁吸铁钉为例，说明电磁力与引力的强弱关系。不过冰箱贴和小磁铁吸铁钉有些不同，冰箱贴在垂直方向上，受到重力和摩擦力，而水平方向上受的力是磁铁的电磁力和弹力，水平方向与垂直方向上的力都相互平衡。摩擦力和弹力的本质都是电磁相互作用。实际上，所有宏观世界中除引力之外的各种力，比如拉力、弹力、摩擦力、推力，以及所有的化学反应，包括生物体内的光合作用、氧化作用，等等，它们的本质都是电磁相互作用。

粒子物理学入门（三）：物质之间的相互作用如何发生

在我们的宇宙中，12 种实物的基本粒子通过几种基本相互作用构成了一切物质，并使得世上一切事物能够发生，这就是粒子物理学试图给出的解释我们这个物质世界的根本答案。12 种基本的实物粒子具有一些共同的性质，它们和其他具有类似性质的粒子都被称为"费米子"，用来纪念意大利裔美国物理学家费米。费米在芝加哥领导建造了世界上第一座人工核反应堆。还有美国的费米国家加速器实验室，也是以他命名的。

如果我们把费米子理解为那种实实在在的实物粒子，那么几种基本作用到底是什么东西呢？难道宇宙中凭空就出现了不同的力吗？力和实物粒子是完全不一样的东西吗？力又是怎么作用在实物粒子上的呢？事实上，物理学家还发现了另外一些性质和费米子几乎完全不同的粒子，它们被称为玻色子，用来纪念印度物理学家玻色（Satyendra Nath Bose，1894—1974年）。在玻色子之中，包括一些能够传递力的粒子，正是它们使得力的作用可以发生在实物粒子上。这就构成了粒子物理的标准模型中的第二个原则：12 种基本实物粒子之间的相互作用是通过交换一些玻色子来实现的。粒子物理学家已经发现了 3 种基本相互作用的载体：传递电磁相互作用的玻色子——光子，传递强相互作用的玻色子——胶子，传递弱相互作用的玻色子——W 玻色子和 Z 玻色子。另外，欧洲核子研究中心（CERN）的 LHC 上还通过实验证明了希格斯玻色子的存在，希格斯玻色子可以解释基本粒子的质量是怎么来的。夸克、轻子和传递相互作用的玻色子都是基本粒子，因为它们都是目前粒子物理学认为的最小的不可被分割的粒子。

为什么有些基本粒子只能构成物质（也因此被称为实物粒子），而有些只能负责传递力的作用呢？费米子和玻色子到底有什么本质上的区别呢？在这里我们要先理解一个量子力学的概念——自旋。自旋就好像是地球绕着地轴自转那样，或者好像是一个陀螺绕着其中轴旋转。当然，粒子的自旋更加复杂，我们只要知道它是用来描述粒子天生就自带的运动性质就可以了。

每个粒子都有特定的自旋值，而且这一数值是量子化的。量子化的意思就是指某些物理量只能取离散的特定数值，而不是任意值；各量子化的数值之间只能跳跃变迁，而不能连续变化。这就好像是在宏观世界中，我们看到一个平滑斜坡，小球可以顺着斜坡连续地滚下来，但是在微观世界中，量子力学规定这个宏观上看到的平滑斜坡像台阶一样是一级一级的，小球只能停留在某一级（或半级）台阶上，假设这个台阶每一级有 30 cm 高，那么小球待在第一级上就是 30 cm，在第二级上就是 60 cm，以此类推，它永远只能待在 30 cm 整倍数（或半整数倍）的台阶上，而永远不能出现在台阶之间其他任意的地方，比如 50 cm 高的地方。在量子力学中，粒子自旋的特定值，也就是这一台阶的高度被称为"约化普朗克常数"（reduced Planck constant），粒子的自旋值只能取这一常数的整数倍或者半整数倍：自旋值是 1/2 的奇数倍的（比如 1/2，3/2）就是费米子，而自旋值是 1/2 的偶数倍的（比如 0、1）就是玻色子。所有的实物粒子（包括夸克和轻子）自旋值的绝对值都是 1/2，而胶子、光子、W 玻色子、Z 玻色子的自旋值的绝对值都是 1，另外还有希格斯玻色子的自旋值是 0（它是所有基本粒子中唯一一种自旋为 0 的粒子）。

另外，费米子和玻色子遵循不同的统计规律，费米子遵循的是费米－狄拉克统计，玻色子遵循的是玻色－爱因斯坦统计，这些统计规律的命名都和研究它们的科学家有关。

统计规律指的是对大量的自由且随机的粒子用量子力学和统计学的方法进行描述。其中，费米－狄拉克统计规定，两个一样的粒子（比如两个上夸克）不能以"相同的量子态"（即粒子的所有性质完全一样）处在同一个位置上，这也被称为"泡利不相容原理"。从电子举例，电子自旋的绝对值是 1/2，所带的电荷是 −1，电子的自旋值可以有两种：一种是朝上自旋的 1/2 自旋值，另一种就是朝下自旋的−1/2 自旋值（自旋都是顺时针的，只不过一个是朝上顺时针自旋，一个是朝下顺时针自旋）（图 3-3-1）。

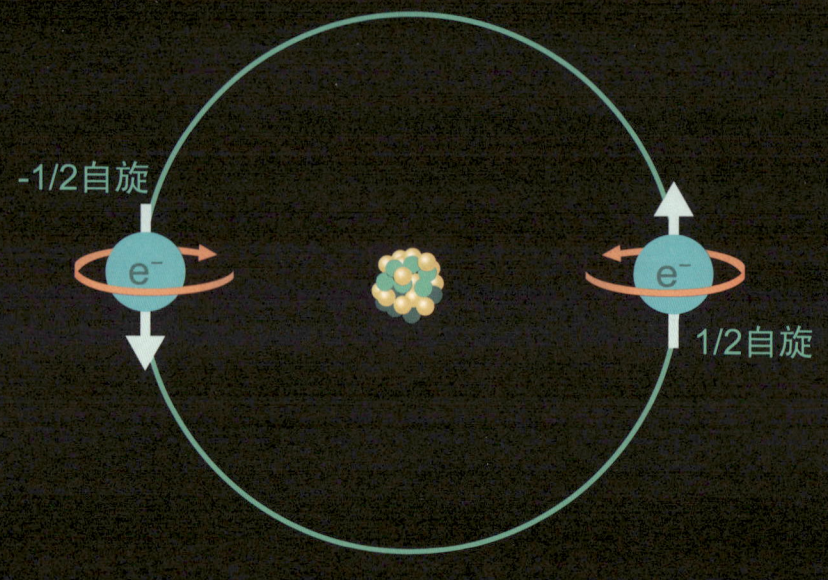

-1/2自旋

1/2自旋

图 3-3-1 电子自旋示意图。

　　根据泡利不相容原理，同一轨道上最多只能同时存在两个不同的电子，因此它们必须一个是 1/2 自旋，一个是−1/2 自旋。

　　就好像在一个小盒子里放两个棒棒糖，并排放放不进去，而要把其中一个倒过来才能放进去。玻色子则不受到泡利不相容原理的制约，即使是处于同一状态，也可以聚集在同样的位置上，比如许许多多一模一样的光子聚集在一起后在宏观上就是光。物理学当前非常热门的分支学科"凝聚态物理"就可以研究玻色子聚集在一起后形成的系统所具有的特殊性质。

　　传递相互作用的玻色子和实物费米子几乎完全不同，那么，力的作用是如何在实物粒子间传递的呢？我们可以近似地想象，不同的传递相互作用的玻色子承载着不同的力，得到这类玻色子的实物粒子就会受到相对应的力。

假设有一个实物基本粒子 a，它从另一个实物基本粒子 b 那里获得了一个传递力的玻色子，那么 a 就受到了 b 的相互作用。

这就好像是两个人在冰场里滑冰，第一个人是 a，第二个人是 b，两个人都自己滑自己的，a 手里有一个沉重的球，这个球就好像是玻色子。当他们相互靠近到一定距离的时候，a 把手里的球扔给 b，由于扔了一个东西出去，a 的滑冰轨迹会发生改变，同样地，b 接住了这个球，b 也会因为受到球所传递的作用力的影响而改变滑冰的轨道。你可能会问，如果 a 想和 b 发生作用，a 难道不能直接滑向 b 吗？他俩一旦撞上了，不就不需要再扔球了吗？实际上，我们可以想象这个冰场的冰面是绝对光滑的，摩擦力为0，另一个关键前提是，a 和 b 相对于冰场的面积（比足球场还大几千倍）非常小，那么 a 和 b 不管怎么在冰上手舞足蹈，都没法相互接近而发生作用。这就像是在原子核内部，约 99% 以上的地方都是没有任何物质的"真空"，粒子彼此都不会相互接触，所以只有通过扔传递力的玻色子才能相互作用。我们还可以把 a 和 b 想象成两个在太空的真空里工作的宇航员，只有通过向身前身后喷射物

传递相互作用的玻色子和实物费米子几乎完全不同，那么，力的作用是如何在实物粒子间传递的呢？

质，也就是像 a 和 b 一样相互扔球，宇航员才能自主决定如何运动。因此 a 和 b 就是通过向对方扔出或接收传递力的玻色子，才发生了相互作用。

更具体一些，电磁相互作用如何交换光子实际上是量子电动力学（Quantum Electrodynamics）的研究范围，而涉及强相互作用如何交换胶子的，就是量子色动力学（Quantum Chromodynamics）研究的内容了。如果从名字上看，量子电动力学研究的是带"电"粒子，那么量子色动力学研究的难道是带"色"粒子吗？是的，带电粒子携带正负电性的"电荷"，而夸克呢，除了电荷以外，还携带 3 种不同"色荷"，它们是红色荷、绿色荷和蓝色荷，不过这里的红、绿、蓝指的是夸克本身的某种属性有 3 种，并不是说夸克真的涂着不同的颜色。之所以借用了"颜色"这个词，是因为，就像等量的三原色红、绿、蓝光可以产生白光一样，3 个携带等量但不同色荷（红、绿、蓝）的夸克就可以结合为"色中性"（白色）的强子（比如质子、中子）。

根据泡利不相容原理，电子必须是一个 1/2 自旋、一个 −1/2 自旋才能共存在一个轨道中，那么 2 个上夸克和 1 个下夸克构成的质子中怎么就能有 2 个相同的上夸克呢？现在我们学了色荷就可以解释这个问题了，也就是说，那 2 个上夸克虽然电荷、自旋值、质量、能量等都完全相同，但是它们携带的色荷是不一样的，因此并没有违背泡利不相容原理。

总之，带电荷的粒子就会吸收或放出光子受到电磁力作用，而带色荷的粒子就会吸收或放出胶子受到强相互作用。最后，粒子通过交换 W 玻色子和 Z 玻色子就会受到弱相互作用。

知识要点

费米子遵循费米－狄拉克统计，它们的自旋都是 1/2 的奇数倍，而玻色子遵循玻色－爱因斯坦统计，它们的自旋都是整数。自旋是粒子（和粒子系统）特有的属性，它是量子化的，只能取某些特定的值。

1

费米子遵循泡利不相容原理，即两个量子数完全一样的费米子不能同时处于同一位置。因此原子核外的电子排布在不同的电子层中，每一层只能容纳特定数量的电子。玻色子无需遵循泡利不相容原理。

2

费米子构成了世界上的一切物质，费米子可以通过交换不同的玻色子来相互作用。比如，电磁相互作用通过带电粒子交换光子发生，强相互作用通过带色荷的粒子交换胶子发生，弱相互作用则是通过交换 W 玻色子和 Z 玻色子发生。

3

课后习题

1. 关于物理学家费米，以下哪种说法是错误的？（　　）

   A. 费米是意大利裔美国物理学家

   B. 费米在芝加哥领导建造了世界上第一座人工核反应堆

   C. 美国费米国家加速器实验室是以他命名的

   D. 费米发现的费米子遵循费米‐玻色统计规律

2. 以下关于实物基本粒子和传递力的作用的基本粒子的说法，哪些是正确的？（多选）（　　）

   A. 实物基本粒子包括夸克和轻子

   B. 实物基本粒子都是费米子

   C. 传递力的作用的基本粒子都是玻色子

   D. 传递力的作用的基本粒子可以传递4种力：强力、弱力、电磁力、引力

3. 欧洲核子研究中心（CERN）的LHC上通过实验证明了希格斯玻色子的存在，关于希格斯玻色子，以下哪种说法是错误的？（　　）

   A. 希格斯玻色子是唯一一个自旋值为0的基本粒子

   B. 希格斯玻色子可以解释基本粒子的质量是怎么来的

   C. 希格斯玻色子可以传递引力

   D. 希格斯玻色子也被戏称为"上帝粒子"

4. 以下有关"量子"的描述，哪种是正确的？（ ）

A. 量子是一种基本粒子

B. 量子力学是一门研究量子之间如何传递力的作用的科学

C. 量子可以构成世界上所有的物质

D. 一个物理量如果存在最小的不可分割的基本单位，则这个物理量是量子化的，这一最小单位被称为量子

5. 每个基本粒子都有特定的自旋值，这一数值是量子化的。以下哪个关于这句话的理解是错误的？（ ）

A. 基本粒子的自旋值是量子化的

B. 基本粒子的自旋值只能取某些特定的数值，而不是连续的任意数值

C. 可以通过特殊的量子化作用改变一个基本粒子的自旋值

D. 基本粒子的自旋值存在一个最小的不可分割的单位

6. 以下哪种基本粒子的自旋值是不可能存在的？（ ）

A. $1/4$ B. $1/2$ C. $-1/2$ D. 0

7. 关于费米子和玻色子，以下哪些说法是正确的（多选）？（ ）

A. 费米子的自旋值都是 $1/2$ 的奇数倍

B. 玻色子的自旋值都是 $1/2$ 的偶数倍

C. 费米子遵循泡利不相容原理

D. 玻色子遵循爱因斯坦 – 狄拉克统计规律

8. 关于费米子和玻色子，以下哪些说法是正确的（多选）？（　）

　　A. 费米子和玻色子的性质是量子力学研究的内容

　　B. 玻色子只有5种：W玻色子、Z玻色子、希格斯玻色子、光子和胶子

　　C. 玻色子聚集在一起后形成的系统是凝聚态物理研究的内容

　　D. 两个所有性质都一样的费米子不可能处在同一个位置上

9. 假如你在原子里面开了一间虚拟的酒店，可以让电子作为旅客住进来，每个房间就像是电子的轨道，根据电子轨道的相关知识，以下哪种描述符合电子旅客的行为？（　）

　　A. 电子喜欢热闹，可以让所有的电子都住在一个大房间里

　　B. 如果两个电子所有的性质都一样，那么它们不会住在同一个房间里

　　C. 某个特定的电子住进哪个房间是有规律可循的：如果上次它在一层住了，这次它就会出现在二层

　　D. 住在越低楼层的电子，它所携带的能量就越高

10. 以下关于量子色动力学的说法，哪些是正确的（多选）？（　）

　　A. 量子色动力学研究的是目前最先进的夸克酸奶的味道，夸克酸奶可以是草莓味、巧克力味和芝士味等

　　B. 量子色动力学研究强相互作用如何交换胶子

　　C. 量子色动力学研究的是夸克的三种色荷：红色荷、绿色荷、蓝色荷

　　D. 量子色动力学和量子电动力学都是量子力学研究的延伸

11. 力到底是如何发生在实物粒子上的呢（多选）？（　）

　　A. 传递相互作用的玻色子可以承载不同的力

B. a 从 b 获得传递力的玻色子，a 就受到了 b 的相互作用

C. 实物粒子可以通过交换任何一种玻色子来相互作用

D. 带电荷的粒子可以吸收或放出光受到电磁力作用，带色荷的粒子会吸收或放出胶子受到强相互作用，粒子通过交换 W 玻色子和 Z 玻色子会受到弱相互作用

12. 以下哪些产品是完全没有科学依据的（多选）？（　）

A. 超导芯片量子计算机，运行速度极快，处置信息能力极强

B. 量子神梳，梳头的时候会有量子跳到头发上让头发光洁不分叉

C. 量子超能量袜，高科技透气不臭脚，采用纳米技术，耐磨，穿不坏

D. 天津 NLC 光波量子技术打造的量子芯片内裤，助您健康内循环

13. "量子 +" 的产品实在太多了，以下哪种说法是有科学依据的？（　）

A. 量子弱磁场共振分析检测仪可以将人体脉搏和血信号转换为生物电数据，和海量计算机数据库中正常数据对比后确定被检测者身体是否健康，老年人应在家中常备

B. 量子太赫兹鞋垫，内置 14 颗量子芯片按摩足部，磁疗保健打通内循环，发热量子助健身体

C. 氢量子泡脚盆、量子床垫、量子眼镜、量子拔罐、量子水、量子育发……

D. 所有打着 "量子 +" 的日常生活产品或商品都有可能是骗钱的

答案：1. D；2. ABC；3. C；4. D；5. C；6. A；7. ABC；8. ACD；9. B；10. BCD；11. ABD；12. BCD；13. D

延展阅读

费米子和玻色子

费米子和玻色子的统计规律及相关性质的提出比标准模型的提出早了几十年，当时的人们只是发现了两种性质完全不同的粒子，并不知道费米子里有哪些是不能再分割的最小粒子（也就是基本粒子），也不知道玻色子里哪些是最小的粒子，甚至不清楚某些玻色子可以传递力的作用。

因此，费米子和玻色子的本质区别并不是一些能够构成实物、另一些能够传递力的作用，而是本节前文中我们提到的：费米子遵循费米－狄拉克统计（自旋为半整数，如 1/2，3/2 等），玻色子遵循玻色－爱因斯坦统计（自旋为整数，如 0、1 等）；费米子遵循泡利不相容原理，玻色子不需要遵循这一原理。

物理学前沿中研究的超导现象，正是因为玻色子不遵循泡利不相容原理才能够实现的。超导指的就是所有的电阻都消失、电流可以自由流动的状态，这时电流所携带的能量不会发生损耗，就会大大提高电路的效率。

在某些特定条件下，比如从约 -150°C（当今高温超导材料达到的水平）到接近绝对零度(-273.15°C)的温度时，两个电子（即一对电子，也称为电子对）可以相互结合成自旋为 1 或 0 的玻色子（两个半整数自旋以相同方向排列，自旋为 1；以相反的方向排列，自旋为 0），每个"电子对"都是玻色子，它们可以都处于相同的状态；这样一来，电流中的每个"电子对"都可以自由地和其他"电子对"交换位置，而不产生任何能量损耗。

电子是费米子，也是基本粒子，但它们在某些条件下却可以构成玻色子，而超导体中的玻色子（电子对）并不负责传递力的作用。因此，只有特定的玻色子，也就是最小的不能被分割的玻色子（基本粒子），才能传递力的作用。

类似地，介子（包括第 1 章第 4 节介绍的丁肇中和里克特团队发现的由正反粲夸克构成的 J/ψ 粒子）都是由 2 个夸克构成的自旋为整数的粒子，由于它们的自旋符合玻色 - 爱因斯坦统计，它们其实也都是玻色子，但不是基本粒子，也不负责传递力的作用。另一类由 3 个夸克构成的自旋为半整数的粒子被称为重子，半整数的自旋意味着它们都是费米子，但是它们都不是基本粒子。

总之，基本粒子主要就是 12 种构成物质的实物费米粒子，加上可以传递相互作用的那 5 种玻色子，以及独特的希格斯玻色子。

带电粒子如何通过交换光子而作用

把本节前文中溜冰的两个人的例子再深入一点，我们就可以尝试理解两个电子是如何通过交换光子发生运动的。我们知道，电子在原子核外的运动轨迹是一片概率云，因为电子并不按照一个固定的轨道运动，而是随机地按照一定的概率分布在原子核周围，这个在原子核周围的概率分布就被称为概率云。

假设电子 a 和电子 b 按照其概率云运动，当 a 和 b 靠近时，a 向 b 发射一个光子，a 的能量降低，降低的能量转换为动能，于是 a 向后退了一点。而 b 在接收了 a 的光子后，能量变高，当它距离 a 稍微近一点的时候又会把光子扔回给 a，于是 b 的能量也降低，这一降低的能量也转换为 b 的动能，b 也就向后退了一点。就这样，a 和 b 通过交换光子，实现了它们之间的电磁斥力。面对面扔光子把自己推向远离另一个粒子的方向，这就是携带相同电性电荷的粒子的电磁斥力。

那么，携带异性电荷的粒子如何发生电磁吸引力呢？我们依旧假设一个带正电的粒子 a 和一个带负电的粒子 b 按照其概率云运动，当它们彼此背靠背接近时，可以想象 a 向 b 扔了一个光子，只不过它不是面对面地扔光子，而是 a 面朝着远离 b 的方向扔出了一个光子，a 则会向靠近 b 的方向运动，这时，被扔出的光子就像是被扔出去的回旋镖一样，会转回到 b 的面前（但 b 是背靠着 a），被 b 神奇地接收到，于是 b 也把光子朝着远离 a 的方向扔出去，自己也会向 a 靠近。

就这样，a 和 b 也通过交换光子，实现了电磁的吸引力。

通过空间和时间来描述粒子之间相互作用过程的图示被称为"费曼图"（图3-3-2），我们可以用它描述电子对之间交换光子的过程。两个电子分别运动至 A、B 点时，它们会交换光子，波浪线表示"虚过程"，上面的 γ 则表示光子。

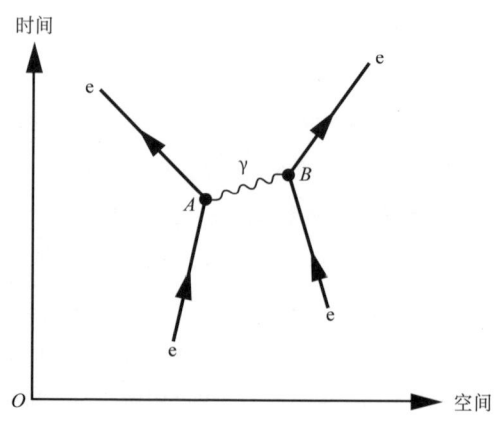

图 3-3-2 电子对之间交换光子的过程。

什么是虚过程呢?

实际上,带电粒子交换光子的过程我们并不能通过任何方式观察到,这一过程被称为"虚过程",而其所交换的光子也和一般的光子不同:光子的质量为 0,但是虚过程中交换的光子质量可能不为 0,在虚过程中产生的粒子被称为"虚粒子",我们也不能通过任何方式观察到"虚粒子"。粒子交换玻色子的过程都是虚过程,这种过程就好像发生在一个"黑箱子"里面,我们虽然可以通过量子力学的相关理论去推导发生了什么,也可以根据交换前后的粒子及其性质来推断黑箱子可能发生了什么,但是我们并不能直接了解黑箱子里的操作。

关于粒子的自旋

粒子的自旋是 0 代表什么意思呢?我们可以理解为 0 自旋就是粒子没有"自转",从各个方向上看过去,这个粒子都是一样的。而自旋不为 0 的粒子,数字越大粒子"自转"得越快,自旋为 1 的比 1/2 的要快 1 倍,3/2 的比 1/2 的快 2 倍。自旋为 1 的粒子在旋转 360° 以后看起来是一样的,自旋为 2 的粒子在旋转 180° 看起来就一样了,而自旋 1/2 的必须转 2 圈才一样。除了单个粒子有自旋,几个粒子组成的系统也有自旋,把几个粒子的自旋值(自旋角动量)以及这些粒子彼此相互运动的轨道角动量加在一起,就是这个系统的自旋值。

自旋值除了可以是正数,还可以取负数,就像本节前文中讲的那样,朝上顺时针转自旋值就是正的,朝下顺时针转自旋值就是负的。

第 4 节
包括反物质的更完整的粒子物理标准模型：成功与局限

到现在为止，我们一共学习了多少种基本粒子呢？12 种基本的实物费米子，包括 6 种夸克和 6 种轻子，加上 5 种基本的玻色子，是不是一共有 17 种呢？夸克可以带有 3 种不同的色荷，如果把这个算进来，6 种夸克实际上可以衍生出 18 种（比如红上夸克、绿上夸克、蓝上夸克……）。另外，玻色子也不止 5 种：光子是电磁力的载体，光子本身并不携带电荷，光子和光子之间不发生相互作用；胶子带有色荷，因此胶子不仅负责传递强力，胶子和胶子之间也会发生相互作用。这就使得量子色动力学（夸克交换胶子）比量子电动力学（带电粒子交换光子）要复杂不少。由于胶子可以携带色荷，根据它们携带色荷的不同，物理学家们一共找到了 8 种胶子。因此，玻色子的数就又加了 7 种，也就是有 12 种了。那么，18 种夸克加上 6 种轻子，再加上 12 种玻色子，标准模型中的基本粒子一共有 36 种吗？

其实并不止这些呢！粒子物理的标准模型中还包括更多的基本粒子，之前没有提及是因为我们一直都还没有接触到这样一类神奇的粒子——反粒子。如果反粒子听起来比较陌生，也许你在科幻小说里看到过"反物质"这个概念，比如在刘慈欣的小说《三体》中，反物质制造的炸弹被描述为比核弹还厉害的超级武器。实际上，就像物质是由基本粒子构成的东西，反物质指的是由反粒子构成的东西。那么反物质真的能制成比核弹还厉害的武器吗？反粒子到底又是什么呢？它们和我们之前学到的那些粒子有什么区别，又具有什么新的性质呢？

如果你照镜子，就会在镜子中看到一个和自己一模一样的影像；如果你在镜子前挥挥手，镜子里的你也会同步跟你一样挥挥手。但是注意，当你举起右手的时候，你看到的镜子里的你举起的实际上是左手！类似地，如果你朝前方伸手，用手指指向镜子，你会发现，镜子里的你则是朝着你伸手，而手指指向的实际上是你身后的方向。任何东西照镜子，镜子里就能出现一个跟它一模一样，但是有些地方却"相反"的影像，镜子前的东西和镜子里它的影像就称为"镜像对称"。常识告诉我们，镜子里的东西是虚拟的，你照镜子的时候

并没有在时空中真的出现了一个"相反"的你，但是假如真的出现了一个相反的"你"呢？在粒子世界，物理学家们可以给基本粒子"照镜子"——其实完全不是照镜子这样简单，而是对数学上某种对称性的操作——得到一个新粒子，只是这个"被镜子照出来"的粒子却被发现是真实存在的！它就是"反粒子"。

所有的基本粒子都有其相对应的反粒子（有些粒子的反粒子就是它自己），这些反粒子组成的物质被称为"反物质"，那么这里的"反"是指什么相反呢？实际上主要指的是正反粒子携带的电荷是相反的（比如带正电的粒子，它的反粒子就带负电）；还有轻子数相反（比如中微子不带电荷，但是它的轻子数是 1，那么它的反粒子——反中微子的轻子数就是-1）；此外还有重子数相反。所有轻子的轻子数都是 1，反轻子的轻子数都是-1，所有重子的重子数为 1，反重子的重子数为-1。重子即 3 个夸克构成的粒子，2个夸克构成的粒子是介子。物理学家发现的第一个反粒子就是电子的反粒子——正电子，电子带一个负电荷，而正电子除了带一个正电荷之外，其他性质都和电子一模一样。人们是怎么发现反粒子的呢？

我们知道费米子遵循费米‐狄拉克统计，正是英国物理学家狄拉克（Paul Dirac，1902—1984 年）最早提出了反粒子的猜想，他提出了著名的狄拉克方程来描述费米子的性质，并因此和薛定谔一起获得了 1933 年的诺贝尔物理学奖。狄拉克方程的每个正数解都存在一个对应的负数解，为了解释这个负数解，狄拉克便预言了存在一种"正电子"。

我国核物理研究事业的开拓者之一——赵忠尧先生（1902—1998 年）是世界上第一个在实验中观测到正电子的人，但他并没有很好地作出解释 [32]，而他的同学、美国物理学家安德森（Carl David Anderson，1905—1991 年）在 2 年后的实验中也观测到了正电子，并且给出了正确的解释。

于是安德森获得了 1936 年的诺贝尔物理学奖，而赵忠尧先生却与这一奖项失之交臂。

后来，伴随夸克理论的发展，人们也发现了夸克的反粒子，比如带红色荷的上夸克的反粒子就是带 -2/3 的电荷、色荷是反红的反上夸克。我们知道夸克能够组成质子、中子，类似地，2 个反上夸克和 1 个反下夸克可以构成反质子，而 1 个反上夸克和 2 个反下夸克也可以构成反中子，于是，反质子、反中子加上反电子就能构成宏观意义上的反物质了！反粒子有一个特性，那就是当它碰到自己的正粒子的时候，这对正反粒子就会发生"湮灭"。这就好像把镜子里的"你"从镜子里抓出来，一旦他（她）和真实中的你相互触摸，你们就会瞬间灰飞烟灭，谁都不复存在了。根据爱因斯坦的质能方程，质量会转化为能量，正反粒子湮灭后，两种不同的粒子就转化为大量的能量（比如携带高能量的光子束）。我们在今天的宇宙里，几乎找不到任何反物质的存在，所以你永远不用担心你会碰到你自己的反物质（反你）——因为一旦碰面，你们就都相互毁灭了！不过，根据方程的推导，理论物理学家认为在宇宙大

反粒子有一个特性，那就是当它碰到自己的正粒子的时候，这对正反粒子就会发生"湮灭"。

爆炸之初，应该存在和正物质数量完全相同的反物质。

　　实验物理学家在实验中看到的也和理论预测的一致：对撞中的高能量可以生成各种粒子，其中有一半是反粒子！那么，宇宙大爆炸之初的那么多反物质到底去哪了呢？为什么现在几乎只能在实验中才能看到反物质呢？这一巨大的谜团促使许多物理学家尝试给出答案。比如，在 CERN 的 LHC 上运行的 LHCb 实验的主要目标就是解释反物质，而 CERN 的另一个实验"反物质工厂"（利用与 LHC 无关的一套实验装置——反质子减速器）已经尝试制造出了"反氢"原子，它拥有一个带负电的反质子和一个正电子。现在，通过技术上的不断改进，人们可以在反氢遇到正物质而湮灭之前，用磁场和超低温将反氢的原子束缚住，使其寿命从不到 1 秒延长到上千秒。不过，可控地利用反物质来获取巨大的能量，实际上比可控核聚变还要难成千上万倍，所以科幻小说里提到的反物质武器恐怕很长一段时间都只会停留在小说中。

　　总之，当我们算上反粒子的数量，夸克加反夸克一共有 36 种（$18 \times 2 = 36$），轻子加反轻子一共有 12 种，W 玻色子有正反 2 种，这些加一起是 50 种。而那些反粒子是自身的呢？8 种胶子加上光子、Z 玻色子、希格斯玻色子一共是 11 种。所以，粒子物理的标准模型实际上描述了多达 61 种基本粒子。

　　物理学家们是怎么观察到这么多种粒子和它们的性质的呢？有什么照相机能把这个过程录下来给我们观看吗？

　　在粒子世界中，存在一些寿命极短的粒子，即便用最复杂精妙的探测工具也不可能直接观测到，只能间接地探测它们产生之后的情况，通过事例重建，利用计算机对数据进行分析，才可能确定它们的性质和运动。具体而言，当代粒子物理实验的通用方法，就是先将束流粒子加速至接近光速并相互对撞，对撞时将产生大量能量，这些能量就会产生很多次级粒子。之后，物理学家必须用探测器来鉴别和测量这些次级粒子，并根据测量的数

据，用计算机还原出对撞时的情况，也就是
重建对撞事例。通过"事例重建"，我们才
可能知道对撞时发生了什么。比如，实际上
物理学家无论如何也不可能在实验中看到一
个单独的夸克，无论人们怎么尝试把单个夸
克打出来，即使一个夸克真的落单了，它也
会瞬间和其他的夸克结合在一起。这是因为
只有当色荷变成中性（白色）的时候，夸克
组成的东西才会相对稳定地存在，因此单个
夸克不能被分离出来的现象也被称为夸克的
"色禁闭"（color confinement）。

　　用"照镜子"找到"反粒子"的比方
也只是一个简单的近似，实际上人们是通
过有关对称性的数学表达（群论和矩阵）
来描述粒子与反粒子之间的关系及状态的。
实验物理学家通过实验来研究粒子的性质，
理论物理学家通过数学和逻辑给出能够解
释物理现象的理论，实验物理学家又会根
据理论来寻找和分析实验中的数据，最终
证实真正有效的理论，摒弃那些不符合实
验结果的理论假说。比如标准模型的最终
确立，就是在一代代理论物理学家不断改
进理论的基础上（比如，从最初的 3 种夸
克理论到发现 3 代 6 种夸克），实验物理

学家不断地利用更大型的对撞机来产生更高能的束流粒子进行对撞，并通过功能更强大的探测器来研究对撞时发生了什么，从而验证理论或者发现未知的新粒子。

标准模型并不是完美的，那么它的局限性在哪里呢？标准模型是目前粒子物理领域给出的最好的答案，那么它又好在哪儿呢？

实际上，不能解释宇宙大爆炸后反物质都去哪儿了，这还只是标准模型的一个缺陷，就解释整个物质世界而言，标准模型最大的局限性之一就在于它现在并不包括引力，人们还不能通过标准模型来描述引力。如果用类似标准模型的理论去解释宏观世界中非常重要的引力，就应该存在一种叫作"引力子"的玻色子来负责传递引力作用。但是，不像胶子、W 玻色子、Z 玻色子等都已经被实验发现了，产生"引力子"所需的能量远远超过现有的技术水平，我们至今都没能找到"引力子"，哪怕是间接的证据也没有一丁点儿。除了引力，标准模型的另外一个重要问题就是它无法解释天文学中观测到的暗物质和暗能量。根据测算，宇宙中有 27% 的物质是暗物质，还有 68% 的暗能量，而关于这些东西，标准模型都无法解释。它们到底是什么粒子？或是与粒子不同的东西呢？

那么，为什么又说标准模型是成功的呢？在科学不断发展的过程中，用最简洁的方式将世间万物及作用在它们上的力全部统一起来，是历代物理学家们梦寐以求的目标，爱因斯坦在他人生最后的 30 多年中曾经非常努力地尝试统一引力和电磁力，最终没有成功。而到了今天，需要被统一起来的力有 4 种，这对物理学家来说更是巨大的挑战。目前，粒子物理的标准模型已经在理论上建立了强力、弱力和电磁力的统一框架，它的数学表达就是 CERN 某块大石头上刻着的公式（图 3-4-1）：

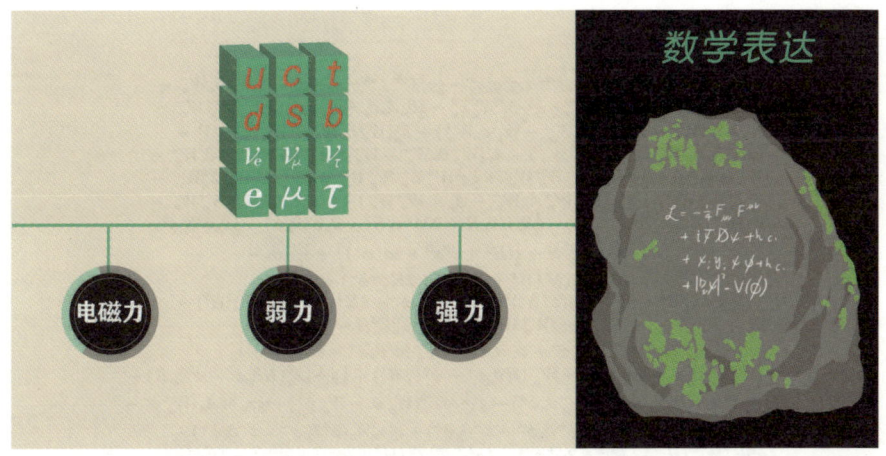

图 3-4-1 电磁力、强力、弱力统一框架的数学表达。

　　这个公式的第一行描述了胶子、光子、W 玻色子、Z 玻色子的性质，第二、三行描述的是费米子和玻色子之间的关系，第四行第一项描述的是 W 玻色子和 Z 玻色子如何获得质量（而其他玻色子质量为 0），第二项则描述了希格斯玻色子。当然，这个公式还只是简写，它完全展开后的形式如图 3-4-2。

　　理论物理学家根据这些公式精确地预言了哪些粒子会和其他粒子相互作用，如何作用；在过去的 40 多年来，实验物理学家在粒子物理的实验中测到的几乎所有物理量都与粒子物理标准模型预言的数值大致相同，甚至有些预言和实验测量可以精确到小数点后第 9 位。因此，虽然标准模型是有限的，但它依旧是现阶段粒子物理领域最成功、最接近事实真相的理论。

$$\mathcal{L}_{SM} = -\tfrac{1}{2}\partial_\nu g^a_\mu \partial_\nu g^a_\mu - g_s f^{abc}\partial_\mu g^a_\nu g^b_\mu g^c_\nu - \tfrac{1}{4}g_s^2 f^{abc}f^{ade}g^b_\mu g^c_\nu g^d_\mu g^e_\nu - \partial_\nu W^+_\mu \partial_\nu W^-_\mu -$$
$$M^2 W^+_\mu W^-_\mu - \tfrac{1}{2}\partial_\nu Z^0_\mu \partial_\nu Z^0_\mu - \tfrac{1}{2c_w^2}M^2 Z^0_\mu Z^0_\mu - \tfrac{1}{2}\partial_\mu A_\nu \partial_\mu A_\nu - igc_w(\partial_\nu Z^0_\mu(W^+_\mu W^-_\nu -$$
$$W^+_\nu W^-_\mu) - Z^0_\nu(W^+_\mu \partial_\nu W^-_\mu - W^-_\mu \partial_\nu W^+_\mu) + Z^0_\mu(W^+_\nu \partial_\nu W^-_\mu - W^-_\nu \partial_\nu W^+_\mu)) -$$
$$igs_w(\partial_\nu A_\mu(W^+_\mu W^-_\nu - W^+_\nu W^-_\mu) - A_\nu(W^+_\mu \partial_\nu W^-_\mu - W^-_\mu \partial_\nu W^+_\mu) + A_\mu(W^+_\nu \partial_\nu W^-_\mu -$$
$$W^-_\nu \partial_\nu W^+_\mu)) - \tfrac{1}{2}g^2 W^+_\mu W^-_\mu W^+_\nu W^-_\nu + \tfrac{1}{2}g^2 W^+_\mu W^-_\nu W^+_\mu W^-_\nu + g^2 c_w^2(Z^0_\mu W^+_\mu Z^0_\nu W^-_\nu -$$
$$Z^0_\mu Z^0_\mu W^+_\nu W^-_\nu) + g^2 s_w^2(A_\mu W^+_\mu A_\nu W^-_\nu - A_\mu A_\mu W^+_\nu W^-_\nu) + g^2 s_w c_w(A_\mu Z^0_\nu(W^+_\mu W^-_\nu -$$
$$W^+_\nu W^-_\mu) - 2A_\mu Z^0_\mu W^+_\nu W^-_\nu) - \tfrac{1}{2}\partial_\mu H \partial_\mu H - 2M^2 \alpha_h H^2 - \partial_\mu \phi^+ \partial_\mu \phi^- - \tfrac{1}{2}\partial_\mu \phi^0 \partial_\mu \phi^0 -$$
$$\beta_h\left(\tfrac{2M^2}{g^2} + \tfrac{2M}{g}H + \tfrac{1}{2}(H^2 + \phi^0\phi^0 + 2\phi^+\phi^-)\right) + \tfrac{2M^4}{g^2}\alpha_h -$$
$$g\alpha_h M\left(H^3 + H\phi^0\phi^0 + 2H\phi^+\phi^-\right) -$$
$$\tfrac{1}{8}g^2\alpha_h\left(H^4 + (\phi^0)^4 + 4(\phi^+\phi^-)^2 + 4(\phi^0)^2\phi^+\phi^- + 4H^2\phi^+\phi^- + 2(\phi^0)^2 H^2\right) -$$
$$gMW^+_\mu W^-_\mu H - \tfrac{1}{2}g\tfrac{M}{c_w^2}Z^0_\mu Z^0_\mu H -$$
$$\tfrac{1}{2}ig\left(W^+_\mu(\phi^0\partial_\mu\phi^- - \phi^-\partial_\mu\phi^0) - W^-_\mu(\phi^0\partial_\mu\phi^+ - \phi^+\partial_\mu\phi^0)\right) +$$
$$\tfrac{1}{2}g\left(W^+_\mu(H\partial_\mu\phi^- - \phi^-\partial_\mu H) + W^-_\mu(H\partial_\mu\phi^+ - \phi^+\partial_\mu H)\right) + \tfrac{1}{2}g\tfrac{1}{c_w}(Z^0_\mu(H\partial_\mu\phi^0 - \phi^0\partial_\mu H) +$$
$$M\left(\tfrac{1}{c_w}Z^0_\mu\partial_\mu\phi^0 + W^+_\mu\partial_\mu\phi^- + W^-_\mu\partial_\mu\phi^+\right) - ig\tfrac{s_w^2}{c_w}MZ^0_\mu(W^+_\mu\phi^- - W^-_\mu\phi^+) + igs_w M A_\mu(W^+_\mu\phi^- -$$
$$W^-_\mu\phi^+) - ig\tfrac{1-2c_w^2}{2c_w}Z^0_\mu(\phi^+\partial_\mu\phi^- - \phi^-\partial_\mu\phi^+) + igs_w A_\mu(\phi^+\partial_\mu\phi^- - \phi^-\partial_\mu\phi^+) -$$
$$\tfrac{1}{4}g^2 W^+_\mu W^-_\mu(H^2 + (\phi^0)^2 + 2\phi^+\phi^-) - \tfrac{1}{8}g^2\tfrac{1}{c_w^2}Z^0_\mu Z^0_\mu(H^2 + (\phi^0)^2 + 2(2s_w^2 - 1)^2\phi^+\phi^-) -$$
$$\tfrac{1}{2}g^2\tfrac{s_w^2}{c_w}Z^0_\mu\phi^0(W^+_\mu\phi^- + W^-_\mu\phi^+) - \tfrac{1}{2}ig^2\tfrac{s_w^2}{c_w}Z^0_\mu H(W^+_\mu\phi^- - W^-_\mu\phi^+) + \tfrac{1}{2}g^2 s_w A_\mu\phi^0(W^+_\mu\phi^- +$$
$$W^-_\mu\phi^+) + \tfrac{1}{2}ig^2 s_w A_\mu H(W^+_\mu\phi^- - W^-_\mu\phi^+) - g^2\tfrac{s_w}{c_w}(2c_w^2 - 1)Z^0_\mu A_\mu\phi^+\phi^- -$$
$$g^2 s_w^2 A_\mu A_\mu\phi^+\phi^- + \tfrac{1}{2}ig_s\lambda^a_{ij}(\bar{q}^\sigma_i\gamma^\mu q^\sigma_j)g^a_\mu - \bar{e}^\lambda(\gamma\partial + m^\lambda_e)e^\lambda - \bar{\nu}^\lambda(\gamma\partial + m^\lambda_\nu)\nu^\lambda - \bar{u}^\lambda_j(\gamma\partial +$$
$$m^\lambda_u)u^\lambda_j - \bar{d}^\lambda_j(\gamma\partial + m^\lambda_d)d^\lambda_j + igs_w A_\mu\left(-(\bar{e}^\lambda\gamma^\mu e^\lambda) + \tfrac{2}{3}(\bar{u}^\lambda_j\gamma^\mu u^\lambda_j) - \tfrac{1}{3}(\bar{d}^\lambda_j\gamma^\mu d^\lambda_j)\right) +$$
$$\tfrac{ig}{4c_w}Z^0_\mu\{(\bar{\nu}^\lambda\gamma^\mu(1 + \gamma^5)\nu^\lambda) + (\bar{e}^\lambda\gamma^\mu(4s_w^2 - 1 - \gamma^5)e^\lambda) + (\bar{d}^\lambda_j\gamma^\mu(\tfrac{4}{3}s_w^2 - 1 - \gamma^5)d^\lambda_j) +$$
$$(\bar{u}^\lambda_j\gamma^\mu(1 - \tfrac{8}{3}s_w^2 + \gamma^5)u^\lambda_j)\} + \tfrac{ig}{2\sqrt{2}}W^+_\mu\left((\bar{\nu}^\lambda\gamma^\mu(1 + \gamma^5)U^{lep}_{\lambda\kappa}e^\kappa) + (\bar{u}^\lambda_j\gamma^\mu(1 + \gamma^5)C_{\lambda\kappa}d^\kappa_j)\right) +$$
$$\tfrac{ig}{2\sqrt{2}}W^-_\mu\left((\bar{e}^\kappa U^{lep\dagger}_{\kappa\lambda}\gamma^\mu(1 + \gamma^5)\nu^\lambda) + (\bar{d}^\kappa_j C^\dagger_{\kappa\lambda}\gamma^\mu(1 + \gamma^5)u^\lambda_j)\right) +$$
$$\tfrac{ig}{2M\sqrt{2}}\phi^+\left(-m^\kappa_e(\bar{\nu}^\lambda U^{lep}_{\lambda\kappa}(1 - \gamma^5)e^\kappa) + m^\lambda_\nu(\bar{\nu}^\lambda U^{lep}_{\lambda\kappa}(1 + \gamma^5)e^\kappa)\right) +$$
$$\tfrac{ig}{2M\sqrt{2}}\phi^-\left(m^\lambda_e(\bar{e}^\lambda U^{lep\dagger}_{\lambda\kappa}(1 + \gamma^5)\nu^\kappa) - m^\kappa_\nu(\bar{e}^\lambda U^{lep\dagger}_{\lambda\kappa}(1 - \gamma^5)\nu^\kappa) - \tfrac{g}{2}\tfrac{m^\lambda_\nu}{M}H(\bar{\nu}^\lambda\nu^\lambda) -$$
$$\tfrac{g}{2}\tfrac{m^\lambda_e}{M}H(\bar{e}^\lambda e^\lambda) + \tfrac{ig}{2}\tfrac{m^\lambda_\nu}{M}\phi^0(\bar{\nu}^\lambda\gamma^5\nu^\lambda) - \tfrac{ig}{2}\tfrac{m^\lambda_e}{M}\phi^0(\bar{e}^\lambda\gamma^5 e^\lambda) - \tfrac{1}{4}\bar{\nu}_\lambda M^R_{\lambda\kappa}(1 - \gamma_5)\hat{\nu}_\kappa -$$
$$\tfrac{1}{4}\bar{\nu}_\lambda M^R_{\lambda\kappa}(1 - \gamma_5)\hat{\nu}_\kappa + \tfrac{ig}{2M\sqrt{2}}\phi^+\left(-m^\lambda_d(\bar{u}^\lambda_j C_{\lambda\kappa}(1 - \gamma^5)d^\kappa_j) + m^\lambda_u(\bar{u}^\lambda_j C_{\lambda\kappa}(1 + \gamma^5)d^\kappa_j)\right) +$$
$$\tfrac{ig}{2M\sqrt{2}}\phi^-\left(m^\lambda_d(\bar{d}^\lambda_j C^\dagger_{\lambda\kappa}(1 + \gamma^5)u^\kappa_j) - m^\kappa_u(\bar{d}^\lambda_j C^\dagger_{\lambda\kappa}(1 - \gamma^5)u^\kappa_j) - \tfrac{g}{2}\tfrac{m^\lambda_u}{M}H(\bar{u}^\lambda_j u^\lambda_j) -$$
$$\tfrac{g}{2}\tfrac{m^\lambda_d}{M}H(\bar{d}^\lambda_j d^\lambda_j) + \tfrac{ig}{2}\tfrac{m^\lambda_u}{M}\phi^0(\bar{u}^\lambda_j\gamma^5 u^\lambda_j) - \tfrac{ig}{2}\tfrac{m^\lambda_d}{M}\phi^0(\bar{d}^\lambda_j\gamma^5 d^\lambda_j) + \bar{G}^a\partial^2 G^a + g_s f^{abc}\partial_\mu\bar{G}^a G^b g^c_\mu +$$
$$\bar{X}^+(\partial^2 - M^2)X^+ + \bar{X}^-(\partial^2 - M^2)X^- + \bar{X}^0(\partial^2 - \tfrac{M^2}{c_w^2})X^0 + \bar{Y}\partial^2 Y + igc_w W^+_\mu(\partial_\mu\bar{X}^0 X^- -$$
$$\partial_\mu\bar{X}^+ X^0) + igs_w W^+_\mu(\partial_\mu\bar{Y}X^- - \partial_\mu\bar{X}^+ Y) + igc_w W^-_\mu(\partial_\mu\bar{X}^- X^0 -$$
$$\partial_\mu\bar{X}^0 X^+) + igs_w W^-_\mu(\partial_\mu\bar{X}^- Y - \partial_\mu\bar{Y}X^+) + igc_w Z^0_\mu(\partial_\mu\bar{X}^+ X^+ -$$
$$\partial_\mu\bar{X}^- X^-) + igs_w A_\mu(\partial_\mu\bar{X}^+ X^+ -$$
$$\partial_\mu\bar{X}^- X^-) - \tfrac{1}{2}gM\left(\bar{X}^+ X^+ H + \bar{X}^- X^- H + \tfrac{1}{c_w^2}\bar{X}^0 X^0 H\right) + \tfrac{1-2c_w^2}{2c_w}igM\left(\bar{X}^+ X^0\phi^+ - \bar{X}^- X^0\phi^-\right) +$$
$$\tfrac{1}{2c_w}igM\left(\bar{X}^0 X^-\phi^+ - \bar{X}^0 X^+\phi^-\right) + igM s_w\left(\bar{X}^0 X^-\phi^+ - \bar{X}^0 X^+\phi^-\right) +$$
$$\tfrac{1}{2}igM\left(\bar{X}^+ X^+\phi^0 - \bar{X}^- X^-\phi^0\right).$$

图 3-4-2 电磁力、强力、弱力统一框架的数学表达（完全展开）。

知识要点

所有粒子都有对应的反粒子，反粒子可以组成反物质，反物质粒子在遇到它的正粒子的时候会发生湮灭现象，湮灭时两种物质都会消失不见，这些质量就会转化为巨大的能量。

1

虽然人们已经制造出了反氢原子，但是利用正反物质湮灭获得能量甚至比可控核聚变还要难成千上万倍，因为目前还没有足够的技术手段束缚住反物质。

2

反物质在宇宙大爆炸之初和正物质数量相同，但今天在宇宙中却几乎看不到任何反物质，标准模型还不能解释这是为什么。

3

根据标准模型，存在一种"引力子"负责承载引力相互作用，但是物理学家还没有真正找到它。另外，标准模型也无法解释暗物质、暗能量等。但是，它依旧是现阶段粒子物理最成功、最接近事实真相的理论。

4

课后习题

1. 关于标准模型中包含的粒子总数，下列说法正确的是（多选）：（ ）

    A. 目前包括反粒子在内有 36 种

    B. 目前包括反粒子在内有 61 种

    C. 以后根据新的理论或实验发现，标准模型中的粒子总数可能会变化

    D. 现在的标准模型已经完美了，包括的粒子数目以后不会变化了

2. 下列关于反粒子的说法，正确的是（多选）：（ ）

    A. 实物基本粒子包括粒子和反粒子

    B. 一个质子和一个反质子相遇会湮灭，并且放出巨大的能量

    C. 粒子和其对应的反粒子是通过对称性互相关联的

    D. 在地球上，正粒子和反粒子的数量是相等的

3. 下列关于标准模型的叙述，正确的是（多选）：（ ）

    A. 标准模型可以解释为什么宇宙中反物质很少

    B. 标准模型可以解释引力

    C. 标准模型已经在理论上建立了统一强力、弱力和电磁力的框架

    D. 标准模型是迄今为止最完善的粒子物理模型

4. 人们最早发现的反粒子是：（ ）

    A. 反原子　　　　　　　　　　B. 反质子

    C. 反中子　　　　　　　　　　D. 正电子（电子的反粒子）

5. 以下关于物理学家的说法，哪种是错误的？（ ）

　　A. 英国物理学家狄拉克最早提出了反粒子的猜想

　　B. 我国核物理研究的开拓者之一 —— 赵忠尧第一个在实验中观测到了正电子

　　C. 美国物理学家安德森第一个在实验中观测到了正电子，所以获得了诺贝尔物理学奖

　　D. 费米子是根据意大利裔美国物理学家费米命名的

6. 当你照镜子的时候，镜子中会出现一个和你几乎一模一样的影像，这个影像和你是一种镜像对称。关于镜像对称，以下哪种说法是正确的？（ ）

　　A. 你和镜子里的你都是真实存在的

　　B. 镜像对称可以通过数学的群论和矩阵等语言进行描述

　　C. 反粒子就是通过给粒子照镜子照出来的真实存在的基本粒子

　　D. 你和镜子里的你一旦相遇就会彼此湮灭

7. 以下关于反粒子的说法，哪些是正确的（多选）？（ ）

　　A. 与正粒子电荷数相反的粒子是反粒子

　　B. 与正粒子自旋相反的粒子是反粒子

　　C. 与正粒子轻子数相反的是反粒子

　　D. 与正粒子重子数相反的是反粒子

8. 下列关于粒子物理对撞实验的描述，正确的是：（ ）

　　A. 只要将束流粒子加速到接近光速并相互对撞就可以完成实验了

B. 对撞后，可以使用显微镜观察到产生的新粒子，比如希格斯玻色子

C. 对撞后，可以产生单个稳定存在的夸克

D. 对撞后，必须通过探测器进行事例重建，才能推断可能产生了什么新粒子

9. 以下关于粒子物理学实验的说法，哪些是正确的（多选）？（ ）

A. 实验物理学家需要不断研发建造更大型的对撞机来产生更高能的粒子

B. 实验物理学家需要通过功能强大的探测器来研究对撞时发生了什么

C. 当代粒子物理学实验全部都是男性主导的，因为女性不适合研究高能物理

D. 粒子物理学实验能够帮助物理学家检验哪些关于粒子物理的理论是正确的

10. 下列关于实验室中获得的反氢原子的描述，正确的是（多选）：（ ）

A. 反氢原子由一个反质子和一个反电子组成

B. 反氢原子由一个反质子，一个反电子和一个反中子组成

C. 如果不和其他正物质互相湮灭，那么反氢原子可以稳定存在很长时间

D. 一个反氢原子可以和一个普通氢原子结合成为氢气分子，这体现了道家太极生两仪的哲学思想

11. 以下关于人类认识整个宇宙的说法，哪种是正确的？（ ）

A. 人们已经对整个宇宙 99% 的物质有了全面的认识

B. 宇宙中 27% 是暗物质，还有 68% 是暗能量，人们对这些几乎都没有认识

C. 人们已经认识了占据整个宇宙 50% 的正物质，只是对剩下 50% 的反物质不是很了解

D. 现在宇宙里存在的东西和宇宙大爆炸的时候存在的东西一模一样

12. 以下关于粒子物理学未来发展的说法，哪些是正确的？（　　）

A. 物理学家未来也许会提出更好的理论来补充粒子物理的标准模型

B. 物理学家未来也许会发现粒子物理的标准模型是完全错误的

C. 人们需要建造更强大的对撞机和探测器才能更好地发展粒子物理学

D. 建立以白人男性为主导的大型国际实验项目才能更好地发展粒子物理学

答案：1. BC；2. ABC；3. CD；4. D；5. C；6. B；7. ACD；8. D；9. ABD；10. AC；11. B；AC

延展阅读

对称性、反粒子与标准模型

在数学上，可以把我们生活的空间看成是"三维"的：一个 x 轴描述水平方向（可以理解为左右），一个 y 轴描述垂直方向（可以理解为上下），还有一个 z 轴描述前后方向，那么只要用 (x, y, z) 就可以描述空间中任意一点，空间中的任意一点也仅存在一个三维坐标 (x, y, z)。那么，镜像对称指的就是点 a (x, y, z) 和 a' $(x, y, -z)$ 之间的关系，a 和 a' 具有镜像对称性。如果想得到 a 的镜像对称体 a'，我们可以简单地用镜子照一下 a，镜子中就有了一个虚拟的 a'，那么照镜子就是得到镜像对称性的"操作"（operate）。

如果 a 连续地移动到 b，那么通过"操作"，a 的镜像对称点 a' 也会连续地移动到 b'，这也被称作"连续对称性"。当然，对称性有很多种，它们都可以用数学中的群论来表达。

数学上的这些对称性和物理学有什么关系呢？关系很大！实际上，整个粒子物理的标准模型都是建立在对称性的基础之上，每一种对称性都对应了一种相互作用，在数学上用群论来表达。比如，电磁相互作用的对称性在数学上就是矩阵 U（1），弱相互作用则是 SU（2），强相互作用是 SU（3）。实际上，标准模型的对称性就是用 U（1）× SU（2）× SU（3）来表示。

通过类似照镜子的操作可以找到反粒子，实际上就是通过 U（1）的对称性操作得到反粒子，所以反粒子所携带的电荷量必须和正粒子相反。而自旋值并不是这种操作中要求变换的值，所以粒子的自旋值相反并不说明它们就是正反粒子。

比如，根据泡利不相容原理，同一个轨道中的两个电子不可能状态相同，这个 1/2 自旋值的电子和 -1/2 自旋值的电子实际上都是电子，而不是一个电子、一个正电子。另外，虽然上夸克和反上夸克电荷相反、色荷也相反，但它们是正反粒子的原因是电荷量相反，而不是色荷相反。

如果一个粒子不带电荷、轻子数重子数都为 0，比如光子、胶子之类的玻色子，它们也有反粒子吗？是的，比如玻色子中的 W 玻色子有带 1 个正电荷和带 1 个负电荷的，它们互为反粒子。剩下的不带电荷的光子、胶子、Z 玻色子和希格斯玻色子，它们的反粒子就是它们自己。

什么叫反粒子就是自己呢？

我们可以这么理解，假设平面上有一个点（$x = 0$，$y = 1$），那么它关于 y 轴对称的点就是（$x = 0$，$y = -1$），而当这个点是（0，0）的时候，它关于 y 轴对称的也是（0，0），也就是它的对称点就是它自己。或者可以想象，一张纸紧紧贴着一面厚度为 0 的镜子，是不是镜子里的纸就好像和镜子前的这张纸重合了一样呢？

因此，所有的基本粒子一共有 61 种，而这些可以通过数学群论来表达。U（1）× SU（2）× SU（3）所表达的对称性就可以描述规范场，从而解释标准模型中所有粒子及其相互作用。刻在 CERN 的一块大石头上的公式的每一项实际就是在描述这些规范场和有关的相互作用。

规范场

"规范场"理论是构建物质世界的规则性理论。它是各种基本粒子的行为准则，包含：每一个基本粒子怎么与其他粒子粘在一起的，是通过什么力量的相互作用运行的，以及这些力量的基本结构是什么，等等；举例来说，它就像人类社会中世界每个国家都有不同的宪法、每条高速公路上大家都必须遵守的交通规则。在此，需特别提到，1918 年赫尔曼·外尔（Hermann Weyl，1885—1955 年）提出关于电磁场规范对称性使用阿贝尔群[1]的基本思想之后，1954 年著名物理学家杨振宁先生（1922 年出生）和米尔斯（Robert Laurence Mills，1927—1999 年）对电磁场规范对称性进行了扩展，提出了描述"强相互作用"和"弱相互作用"的杨 - 米尔斯方程，采用非阿贝尔群的数学工具，用群论描述微观粒子的对称性和相互作用，该方程是粒子物理学的标准模型（电弱相互作用和强相互作用的统一）里属于奠基性的贡献。

杨振宁认为，他自己在"规范场"方面做的工作和取得的成就比他荣获 1957 年诺贝尔物理学奖的"弱相互作用下宇称不守恒"还重要。

胶子的种类

胶子可以携带一正一反且不同色的色荷，即红 - 反蓝、蓝 - 反红、绿 - 反红、红 - 反绿、蓝 - 反绿、绿 - 反蓝一共 6 种；或者可以携带两对同色的正反色荷，即红反红 - 蓝反蓝、蓝反蓝 - 绿反绿、红反红 - 绿反绿 3 种，但是由于这种情况非常复杂，把它们简化处理之后实际上就只剩下 2 种了。群论中的 SU（3）代表着一群特殊的矩阵，它可以用来解释强力。这群特殊的矩阵可以给出 8 种不同的维度，因此胶子一共有 8 种，它们对应经 SU（3）对称后的矢量的不同情况，而这个矢量的情况就可以决定粒子受到强力后的状态。

---

1 阿贝尔群以挪威数学家尼尔斯·亨利克·阿贝尔（Niels Henrik Abel，1802—1892 年）命名。

基础研究如何推动人类社会的整体进步？

　　随着阅读的进行，你可能已经发现了物理学研究令人着迷的一面——不断探索人类知识的边界，解答关于物质世界本质的问题，挑战智力和认知的极限——是的，基础研究无疑是有趣的，但它也是有代价的。2019年，中国基础研究经费投入达到 1 336 亿元[33]，2018年美国基础科研经费投入则高达 289 亿美元（以 2018年的平均汇率计算，约为 2 千亿元人民币）[34]。在CERN 运行的 LHC 仅建造成本（不包括人员）就高达 50 亿瑞士法郎（以 2018 年的平均汇率计算，接近350 亿元人民币），而 CERN 成立 70 年以来的总投入（包括人员、研究设备等）在几千亿元人民币这个数量级。国内的一些物理学家从 2012 年开始提倡建造中国的超大型对撞机（周长约为 LHC 的 4 倍），当时对这一项目的整体投入预计在 200 亿美元左右（以 2012年的平均汇率计算，则超过了 1 000 亿元人民币）。2020 年我国扶贫投入为 1 461 亿元，帮助近 1 亿农村贫困人口成功脱贫，实现了巨大的社会效益[35]。那么，几千亿元的投入就是为了研究几种小小的粒子，这真的值得吗？

本节主要介绍基础科研，特别是物理研究，如何在科学探索之外带动技术的发展，产生百倍于投入的经济回报，改变人们的生活方式，从而推动人类社会的整体进步。

首先必须承认，粒子物理学的研究收益并不一定是直接的。研究希格斯玻色子并不能直接解决人类生存攸关的问题，也不能寄希望于用量子物理学解决普通人生活中的困难。实际上，研究的直接目的就是拓展人类的知识水平，让我们更好地理解周围的物质世界，因此，研究原子核里有什么，这些东西又如何组成我们的世界，就是在完成基础研究最重要的任务：对知识的探求。

在探求知识的过程中，无论是理论物理学还是实验物理学，基础研究都以好奇心为指导。对于科研工作者而言，利用想象力和创造力解决工作中的问题，满足好奇心，这本身就能带来极大的快乐和幸福感。2012 年 7 月，CERN 成功地在 LHC 上检测出了希格斯玻色子，这是全世界物理学界约 50 年来最重大的科学发现之一，也是

一百年前，谁能想到对电磁学的研究会带来电子、通信和计算机技术的发展，使得我们今天的生活成为现在这样呢？

来自几十个国家和地区的几千位物理学家一道齐心合力共同奋斗了几十年而取得的结果。研究工作本身带来的成就感和使命感激励着科研工作者不懈努力、艰苦并快乐地不断探索着人类未知的世界。

那么，对于不从事科学事业的普通人而言，基础研究能带来什么好处呢？一百多年前，谁能想到对电磁学的研究会带来电子、通信和计算机技术的发展，使得我们今天的生活成为现在这样呢？谁又能想到小实验室里的核物理研究可以提供现在的全世界 20% 的电力资源？在过去的几百年里，基础研究的持续发展影响了整个社会，物理学研究在许多领域的应用也改变了每一个普通人的生活。接下来，从两个方面来具体谈一谈物理研究的价值：

（1）为技术发展做出贡献。

（2）经济回报，改变人们的生活方式。

如今的粒子物理学研究已经不可能像牛顿时期那样使用简单的三棱镜或天平之类的仪器就能开展工作了，想要在微观尺度上去观察、研究极其微小的粒子的各种性质，必须使用高度复杂且精密（有时候还很庞大）的工具，这就是人们为什么要斥巨资在 CERN 修建 LHC（其周长就有约 27 km）。

那么，LHC 的建造是如何为技术发展做出贡献的呢？要想造出 LHC，就得应用甚至超越现有的前沿技术，以实现粒子物理研究所要求的各种条件。比如，为了将粒子尽快加速至接近光速并能在环形管道中转弯（这个管道周长约 27 km，直径约 5 cm），加速器需要用极强的电流来产生极强的磁场，这就需要在极低温度下实现超导，同时管道中必须处于极高真空的状态。

修建这样的研究工具就大大地带动了与高真空、极低温度、超导有关的各项材料和工程技术的发展。就拿高真空这一项举例吧。管道里的高真空不是简单地用抽气泵把空气抽取出来而已，因为这种传统的方法会留下一些空气分子，一旦它们被加速的高能粒子撞到，就会严重影响到粒子的加速过程。

因此，CERN 的科学家发明了一种叫作"吸气剂"的特殊材料，把这种材料涂在管道内壁，就可以在加热之后吸收真空泵漏下来的空气分子，就像是捕蝇器的黏性纸条粘住苍蝇那样。这种新材料就是建造 LHC 所带来的一项技术革新，而当有心的科学家将此技术应用到日常生活中，这种"吸气剂"就能为太阳能输水管道提供极佳的保温效果——就像暖水瓶一样，暖水瓶的真空内胆可以使里面的热水保温，输水管道内的真空也能避免运输热水时的热量损失，从而大大提升了太阳能的工作效率。

为了研究粒子对撞过程中发生了什么，科学家还需要使用合适的测量设备——探测器来观测被加速的粒子对撞后产生的次级粒子。LHC 每秒能造成上亿次的对撞，每次对撞都能产生成百上千的次级粒子，因此所有的探测器都必须能够承受极高的辐射，也就是要能够承受这么多粒子对它的撞击。另外，为了采集、筛选和处理快速产生的海量数据，科学家也需要超高性能的电子模块和计算机技术。1989 年，蒂姆·伯纳斯 - 李（Tim Berners-Lee，1955 年出生）和他的团队在 CERN 开发了一套系统，包括 URL、HTTP、HTML 以及一个客户端，以此来解决科学家们高效且随时随地交换信息的需求——这套系统就是万维网，也即我们熟悉的 WWW[36]。万维网是互联网最基本的服务之一，它把人和网络连接了起来，让每个人都能通过浏览器浏览网页，可以用简单的一个网址连接网络里来自世界各地的海量信息。

1991 年，伯纳斯 - 李上线了世界上第一个网站 info.cern.ch，CERN 决定不索取任何版权费用而将该发明免费提供给全人类，互联网的新时代也因此到来了。假如 CERN 为万维网申请了专利，那么发明者伯纳斯 - 李和 CERN 估计要比比尔·盖茨（Bill Gates，1955 年出生）和微软或埃隆·马斯克（Elon Musk，1971 年出生）和特斯拉还要富有得多吧！

在基础研究的过程中，科学家们会为特定的研究目的开发各式各样的技术、制造出复杂的工具，而这些技术又通过知识转移和应用孵化被推广到其他更多的领域中，从而带动了科技的发展与进步。

科学技术的发展能够通过新型工具而提高生产效率，在内壁里涂了"吸气剂"的管道降低了能量损耗，也就意味着利润增加了。万维网则为人们创造了新的机会，满足了新的需求，也打开了新的市场。今天，基于万维网的各种新型产品和服务，使得互联网经济成为经济发展中日益重要的组成部分。全球市值最高的前 10 大公司中，苹果、微软、谷歌、亚马逊、Facebook、腾讯、阿里这些互联网公司就占了 7 位，它们的总市值在 2020 年底达到了 8.7 万亿美元（以 2020 年的平均汇率计算，也就是约 60 万亿元人民币，相当于 2020 年我国 GDP 的一半之多，或者相当于全球 GDP 的 13%）。

无独有偶，一项为欧洲物理学会所做的研究试图评估基础科学对整个依赖物理学的欧洲工业的影响，这些工业领域包括电气、机械、航空、土木工程、能源、通信、医疗、运输等。研究发现，在 2010 年，它们为欧洲近 30 个国家创造了 3.8 万亿欧元（以 2010 年平均汇率计算，相当于 30 多万亿元人民币）的收入，相当于这些国家总收入的 15%，并提供了 1 540 万人的就业岗位，相当于欧洲劳动力总数的 13%。

那么，现在再回过头看看，一两千亿元人民币的基础研究投入，你觉得值得吗？

当然，许多时候科学家并不能预测到底哪些基础研究能够带来多大的经济回报，而且有时人们也许不得不等待几十年或更长时间才能看到这些回报成为现实，然而基础研究依旧为技术的发展做出了巨大贡献，而技术的进步与应用不仅有可能带来很大的经济回报，还能彻底改变人们的生活方式。

没有物理学的基础研究，我们就不会理解电学原理，也就不会有电灯，夜晚仍要依靠蜡烛才能阅读；我们不会利用力学原理制造出汽车和飞机，普通人也许一辈子都很难离开自己出生的地方。同样地，没有电子和电磁学的研究，广播、电视、手机和网络都不可能出现，全球的信息互联网也绝无可能；甚至人们连寿命都不会太长，因为物理学对现代医学也有深刻的影响：从医学成像技术到抗癌的各种放射性疗法，都得益于对基础物理进行的深入研究。基础研究能给我们带来什么好处呢？基础研究可能无法立刻制造出具体的可销售的产品，也几乎不可能实现科幻小说里的光速飞船和修仙小说里的长生不老，但它产生的社会效益和影响是巨大且深远的，也将持续不断地改变人类的生活和思考的方式。

在此，还可提及和值得注意的是，2024年10月8日瑞典皇家科学院宣布，将2024年诺贝尔物理学奖授予美国科学家约翰·霍普菲尔德（John J. Hopfield）和加拿大科学家杰弗里·辛顿（Geoffrey E. Hinton），以表彰他们通过人工神经网络实现机器学习而做出的基础性发现和发明。我们不可忽视的是，随着人工智能（AI）的快速发展，AI不仅仅正在和将要成为基础研究的重要工具，同时也将大大加快人类探索世界、完善自我的行进步伐；而这个最新科技进展最终会将人类推向何方？大家都在密切关注！

知识要点

世界各国每年都会投入大量经费到基础研究领域，是因为基础科研不仅能够发现新知、更好地帮助人们理解物质世界，还能够带动技术的进步、带来高额的经济回报，从而推动社会发展、改变人类的生活方式。

1

基础研究本身是以人类的好奇心为导向，科研人员从艰苦的工作中追求成功而感到的欣慰和人生的价值；而普通人也能够从基础研究带来的好处中受益。"万维网"就是一个典型的基础研究中创新发明推动技术和社会进步的案例。

2

课后习题

选择题：请选择最符合题意的一项或几项。

1. 关于基础研究的意义，以下正确的是（多选）：（　　）

    A. 能够让我们穿越回过去，改变历史

    B. 能够在投入资金后的第二年就产生巨大的经济效益

    C. 能够为很多行业培养合格的科研人才

    D. 可能促进其他行业的技术进步

2. 以下哪些是 CERN 的直接研究成果（多选）？（　　）

    A. 一种提高管道内真空程度的技术，后来被应用到了太阳能水管上

    B. 万维网以及相关的互联网系统

    C. 杂交水稻育种技术

    D. 原子弹和氢弹

3. 以下关于基础研究的说法，哪种是错误的？（　　）

    A. 基础研究的发展需要国家或企业进行大量的经费投入

    B. 基础研究可以不断探索人类知识的边界

    C. 基础研究可以满足人类求知的好奇心

    D. 基础研究可以让中国称霸宇宙

4. 以下关于基础研究与社会生活的说法，哪种是正确的？（　　）

    A. 对希格斯玻色子的研究可以在地球上消除饥荒和贫困

    B. 量子力学及其相关产品可以解决普通人生活中的许多问题

C. 理解可控核聚变的原理后，人类立刻就可以统治银河系了

D. 基础研究可以带动技术的发展，带来经济回报，甚至有可能改变人们的生活方式

5. 为什么基础研究可以为技术发展做出贡献，请选出你认为正确的选项（多选）：（   ）

A. 当代物理学家在做研究的时候自己一个人就可以发明和制作出许多新技术产品

B. 人们需要建造复杂且精密的工具才能进行基础研究，而制造那些工具需要应用甚至超越现有的前沿技术

C. 基础研究能够迅速产生上千倍的经济回报，这些资本就可以用于研究新技术

D. 在基础研究的过程中，科学家们会为特定的研究目的开发各式各样的技术、制造出复杂的工具，而这些技术又通过知识转移和应用孵化被推广到其他更多的领域中

6. 基础研究如何改变人们的生活方式，请选出你认为正确的选项（多选）：（   ）

A. CERN 发明的 WWW（万维网）是互联网上最基本的服务之一，而互联网改变了人们的生活方式

B. 物理学家对电子、电磁学的研究使覆盖全球的信息网络成为可能

C. 从医学成像技术到抗癌的各种放射性疗法，都得益于对基础物理进行的深入研究

D. 基础研究可以制造出超光速飞船和长生不老药，彻底改变人类社会

7. 某人打算从事基础研究工作，他（她）有较大概率可能收获以下哪些选项（多选）？（　　）

　　A. 满足对世界的好奇心和求知欲

　　B. 挣大钱、发大财、当上 CEO，走上人生巅峰

　　C. 扬名天下、光宗耀祖，成为某门派的开山鼻祖

　　D. 能够更好地理解物质世界，做一些有价值的事，推动技术的进步

　　答案：1. CD；2. AB；3. D；4. D；5. BD；6. ABC；7. AD

延展阅读

欧洲核子中心汇聚全球的努力筹划未来的 巨大环型对撞机 [37]

2014 年 2 月 12—15 日,为了对巨大的未来环型对撞机(future circular collider,FCC)展开研究,350 多位加速器和粒子物理的世界级专家(包括世界上若干高能物理实验室的负责人)汇聚在日内瓦大学,参加"对未来环型对撞机研究的启动会议"。笔者有幸参加本次会议,现将所见所闻记录下来,介绍给国内的同事和关心此领域长远发展的读者[1]。

1. 对未来环型对撞机研究的启动会议

未来环型对撞机研究将检验在一条 80 ~ 100 km 长的未来环型地下隧道里打造一台世界上最高能量的粒子对撞机的各种可能性,包括一台对撞能量约为 100 万亿电子伏特(比当今世界最高能量的大型强子对撞机(LHC)高 7 倍多)的质子 - 质子(或重离子 - 重离子)对撞机,一台高亮度的正负电子对撞机(作为有潜力的中间步骤)用作 W、Z 和 Higgs(希格斯)玻色子、顶夸克对的工厂,也

---

1 该文章于 2014 年发表在期刊《科技导报》上,我国粒子物理学家、中国科学院院士张肇西院士曾对该文进行评论:"《欧洲核子中心汇聚全球的努力筹划未来的巨大环型对撞机》一文是北京大学物理学院教授钱思进基于国外第一手材料和他本人的感受,不仅介绍了国外高能物理界在'欧洲核子中心(CERN)'国际合作组织主导下讨论下一代高能加速器和对撞机建设的新动态,而且简单回顾了历史上高能加速器和对撞机建设的成功经验和不成功的教训,表达了他个人对问题的理解和见解。无论今后中国决策参加国际大家庭的下一代加速器及对撞机建设的合作与否,和 / 或决策中国自己建设国内高能加速器对撞机时要碰到决定如何建造的问题,这篇介绍性文章都有启发性或参考作用。"

包括质子－电子对撞的可能性。此研究将以全世界范围内的国际合作的形式组织开展，其目标是，2018 年提交一份概念设计报告连同一份造价评估，报告将汇集物理、探测器、加速器、基础设施 4 个方面的研究结果。

选在 2018 年提交相关报告，是因为那时恰逢"欧洲粒子物理战略"将做下一次更新；此项对巨大未来环型对撞机的设计研究，也正是为了响应"欧洲粒子物理战略"在 2013 年的更新中提出的最高优先等级的要求，即"应该对在欧洲核子中心（CERN）建造一台 LHC 之后的未来世界最高能量环型对撞机展开概念设计研究"。

"对未来环型对撞机研究的启动会议"由一项欧盟第 7 框架的研发项目和日内瓦大学联合主办，出席者来自全球，包括中、日、俄、美等国家的高级别代表，及众多遍布欧洲的实验室和大学的代表。

启动会开始 2 天的大会报告评估了未来环型对撞机的规模、计划、国际形势等；随后 2 天的 7 个分组会议使与会者有机会做更多的报告和展开热烈的讨论。大多数与会者达成共识：全球范围内在各个相关领域（物理、实验、加速器等）的国际合作是在 2018 年完成值得信赖的概念设计报告的基本重要因素。

很多参会者及其所在研究单位表达了加入此国际合作的强烈兴趣。现在各个国家的研究所、大学、实验室都收到邀请，参加到这项建造未来环型对撞机的全球努力中来，受邀者将在 2014 年 5 月底前书面提交在具体领域中愿意做出贡献的"意向书"。

会间和会后，在针对未来巨大环型对撞机的热烈讨论中，人们不由自主地回顾了圆形（或环形）高能粒子加速器 83 年的发展史和重要的经验教训。

2. 园形和环形加速器的历史回顾和发展

自从美国物理学家欧内斯特·劳伦斯（Ernest O. Lawrence，1901—1958

年）于 1931 年制造出世界上第一台圆形回旋加速器（他由此荣获 1939 年诺贝尔物理学奖）以来，高能粒子加速器发生了天翻地覆的变化，例如：

（1）加速器的尺寸，从 1931 年的一个巴掌大小（直径约 11 cm），发展到现在世界上最大的周长 27 km 的大型强子对撞机（LHC），增大了约 8 万倍；

（2）加速器的束流能量，从劳伦斯第一台圆形回旋加速器的 8 万电子伏特，到 LHC 的 7 万亿电子伏特，提高了近 9 000 万倍；

（3）加速器的造价，从劳伦斯的原型机只价值约 25 美元（按现在 [1] 的汇率约合 160 元人民币），到 LHC 超过 50 亿瑞士法郎（约合 350 亿元人民币）（只包括 LHC 的主环和相应设施的新建费用，不包括已经存在的 27 km 隧道和所有的预加速系统），增长了至少 2 亿多倍；

（4）建造加速器的科研人员，从劳伦斯及其个别学生和同事，到参加 LHC 项目的数千人，增加了约上千倍；

（5）建造加速器的时间，从劳伦斯的第一台机器的设计至建成经历不足 1 年，到 LHC 的"从 1984 年提出设想到 2009 年底实现束流对撞"历时 25 年，相差近 30 倍。

由此，早在十几年前，全世界高能物理界就一致达成共识，LHC 之后的下一台更高能量的粒子对撞机很可能将更复杂、更艰难、更昂贵，只有利用全球的国际努力才可能实现。

这也是汲取了 20 ~ 30 年前曾在美国建造的另一台比 LHC 更大的超级超导对撞机（superconducting super collider，SSC）的惨痛教训而得出的结论。

---

1 指该文章发表的 2014 年。

3. 美国取消 SSC 的教训

SSC 是 1984—1993 年美国投资兴建的 1 台周长为 87 km（比 LHC 大 3 倍多），质子束流能量为 20 万亿电子伏特的对撞机。SSC 的预加速系统包括 1 台直线加速器和 3 台周长依次递增的环形加速器（最后一级预加速器周长约 11 km），然后质子束流被注入到 SSC 的 87 km 长的主环内。它于 1984 年开始设计，1991 年开始兴建和开凿地下隧道，1993 年 10 月美国国会停止拨款，被迫下马，已完工的长度 > 20 km、直径 3.7 m 的庞大地下隧道以回填或另作他用为结局。

在 SSC 被取消的一系列原因中，两个比较主要的原因是：

（1）它始终没有得到实质性的国际支持。尽管美国做了很多努力，包括美国总统亲自出面，只是在最后 1～2 年才勉强得到日本政府意向性的有限支持，但为时已晚，无法挽回美国国内（特别是美国国会里）日益增强的反对声浪造成的颓势；

（2）SSC 项目节节攀升的超预算支出。1990 年，一次独立的财政审计得出结论，SSC 的造价将由初期批准的 40 亿美元升至 93 亿美元，猛增 1 倍多。由此遭到各界（不仅来自其他物理学领域，也包括很多非物理的科学领域）的强烈质疑。

4. 欧洲建造 LHC 的经验

LHC 在与 SSC 的竞争中胜出，反映欧洲核子中心（CERN）在上述这 2 个方面具有明显优势。

（1）CERN 从诞生开始，本质上就是一个国际性的科研组织（其正式名称是 European Organization for Nuclear Research），即它不是属于某一个国家，而是由 12 个欧洲成员国于 1954 年共同创立、共同管理的。经过 60 年的发展，CERN 现已扩展为拥有 21 个成员国（CERN 于 2013 年 12 月接纳以色列成为第 21 个成员国，这是第一个且是至今唯一一个非欧洲的成员国）；印度、巴西等为了成为 CERN 成员国而正处在不同的申请阶段[1]。

由于 CERN 固有的国际性特点，它的所有科研计划、战略制定等都要经过其 21 个成员国的协商，达成一致才行。所以它的计划的审定和批准，都要经过各成员国的反复审议和讨论，非常严密，从而也在全世界高能物理界赢得了信誉和尊重。这与由美国一方主持的 SSC，在吸引其他国家参与的过程中遇到的严重困难，形成了鲜明对比。

国际合作的另一个重要经验是它的互利性。如果某些国家为了主持建造未来庞大的科学项目，希望其他国家合作参与，那么这些国家若能尽力支持现在正在运行中或建造中的（特别是本学科领域的）国际合作项目，它们将更容易得到其他国家在未来的新国际合作项目中的支持。

就 LHC 这个迄今为止世界上最大的国际合作科学研究项目来说，它在运行的头 3 年（即 2010—2012 年）里取得的成就（特别是 2012 年 7 月 ATLAS 和 CMS 两大国际合作实验组同时宣布在实验上发现了希格斯玻色子，被普遍认为是物理学近 50 年来最重大的发现之一，并促使希格斯和恩格勒荣获 2013 年诺贝尔物理学奖），是几十个国家数百个单位近万名科研人员（包括中国的十余个单位约 100 位科研人员及学生）齐心协力共同奋斗了 20 多年的结果。但这仅仅是刚起步，在 LHC 历时 2 年的停机大检修之后，于 2015 年春重新运转时，它才有望实现设计的对撞能量（2010—2012 年只是运行在设计能量的 50% 左右）。

---

1 该文章发表于 2014 年，截至本书成书，CERN 的成员国和准成员国的情况已有更新，详见本章第 6 节。

今后 15 年，LHC 还计划进行 2 次重大升级。参加此次"未来环形对撞机启动会议"的一位当今大型国际合作实验组的负责人明确指出，LHC 及其各个大型探测器在今后十几年中的升级改造，期待着各参与国的大力支持和共同努力（包括人力和物力等）；中国是新兴崛起的大国，经济发展取得举世瞩目的成就，CERN 的科研设施和机遇平等地展现给全世界的参加者，CERN 欢迎和期盼中国能在 LHC 的参与中发挥更积极的作用，做出更大的贡献。

对任何一个国家来说，如果现在尽力支持现有的国际合作项目，其他国家在将来也一定会对新的国际合作项目给予支持；反之亦然。国际合作总是双向的、互利的，而不是相反。他的这些建议很中肯，值得我们注意和认真思考。

（2）在有效地充分利用现有仪器设备，最大程度地节省开支方面，CERN 也是世界高能物理研究领域中很好的范例。CERN 成立 60 年来建设了一整套高能物理研究的基础设施和一支强大的技术专家队伍。从建造经费角度出发，这些价值上百亿瑞士法郎（合近上千亿元人民币）的基础设施，完全可以继续用在未来环形对撞机的项目中，从而节省相当大一部分（可能高达百分之几十）的未来环形对撞机的建造费用。

这是因为，环状对撞机不是仅仅建造一条近 100 km 长的主隧道，而且还需要建造若干台预加速器与之配套，就像 LHC 和 SSC 那样（它们都是由"1 台直线加速器加上 3 台周长依次递增的环形加速器"作为预加速器，最后才将束流注入 LHC 或 SSC 的主环）。对巨大的未来环形对撞机，CERN 这些现存的 5 台加速器，即 1 台直线加速器加上 4 台环形加速器（包括 LHC），都可以直接用作未来环形对撞机的预加速系统。从而免除了从零开始的局面，节省了大量资金、人力和时间。

当初 LHC 与 SSC 的对比中，LHC 的预加速器都是直接使用过去几十年内建成并成功运行的较小的加速器。这就突显了它与 SSC 的重大差别。后者必须在德克萨斯州内凭空建造出从小到大的所有预加速器，这无疑是它在与 LHC 的竞争中，在经济上和进度上的重大劣势。

5. 结论

纵观世界高能粒子对撞机近几十年来发展的风风雨雨，从成功案例中展示出的丰富经验、失败案例中暴露出的惨痛教训中，希望各国（包括中国）能摸索出在未来比大型强子对撞机（LHC）更庞大的国际合作科学项目中发挥各自才干的最佳方案，大家一起在人类探索物理未知世界的共同努力中不懈地奋斗，争取获得类似发现希格斯玻色子那样的或更重大的研究成果。

第6节
建造大型粒子加速器产生的其他重大作用

　　除了发现新知、促进技术进步、产生经济回报、改变人们生活方式之外，当今的基础研究开展工作的方式决定了它还能从培养高素质的专业化人才和促进国际交流合作两个方面产生巨大的作用。

　　在物理学发展的早期，牛顿自己在家用三棱镜做实验就能发现光谱，相关的研究工作顶多需要几个助手而已，而《自然哲学的数学原理》这本伟大的物理学理论著作基本是牛顿自己一个人撰写的，那时候的科学研究即使涉及合作，大多也只是物理学家或数学家们就某个人提出的理论进行讨论和论证。然而，随着人们不断深入地研究，自然科学的知识体系越来越庞大，不断有更细分的分支学科出现，学科的专业化程度不断提高——那种靠几个天才科学家单枪匹马就撑起一个新学科的时代早已经一去不复返了。无论是理论物理还是实验物理，今天我们所要探索的物理问题本身和研究它所需要的工具的复杂度都增加了成百上千倍，因此几乎所有的前沿物理实验都是由国际团队合作进行的，包括 ITER（国际热核聚变反应堆）和粒子物理研究机构CERN。这些研究项目不仅耗资巨大，还需要大量的各学科领域专业化人才协力合作、共享资源，为世界和平与国际交流做出了突出的贡献。

以CERN为例，二战后的欧洲认识到了振兴基础研究的重要性，1954年，在联合国教科文组织的支持下，有12个创始国参与了CERN的建立，而到了2024年底，CERN已经有了24个成员国：奥地利、比利时、保加利亚、捷克共和国、丹麦、爱沙尼亚（自2024年8月起）、芬兰、法国、德国、希腊、匈牙利、以色列、意大利、荷兰、挪威、波兰、葡萄牙、罗马尼亚、斯洛伐克共和国、塞尔维亚、西班牙、瑞典、瑞士、英国；10个准会员国：巴西（自2024年3月起）、克罗地亚、塞浦路斯、印度、拉脱维亚、立陶宛、巴基斯坦、斯洛文尼亚、土耳其、乌克兰（其中塞浦路斯和斯洛文尼亚现在正处于通往成为成员国的前期阶段的过程中）。今天，坐落于瑞士和法国交界的CERN除了拥有2 000多名成员国的雇员外，还有来自78个国家和地区的13 000多名研究人员、博士生、工程师和技术人员参与研究。这些科研人员放下国家、种族、文化

当今的基础研究开展工作的方式决定了它还能从培养高素质的专业化人才和促进国际交流合作两个方面产生巨大的作用。

间的分歧（甚至是冲突），为了共同的科学研究目标，在 CERN 艰苦奋斗，拓展人类科学认识的边界并推动相关技术的发展。CERN 每年发表成百上千篇学术论文，其中那些由大型实验的国际合作组发表的论文，每篇都要由合作组中的大部分科学家署名。比如 CMS 国际合作组就有 3 000 多人，于是有的论文会出现作者名单比正文还要长的情况。实际上，审评合作组集体撰写的学术论文也是笔者在 CERN 的工作中重要的组成部分，即使在新冠疫情最严重、CERN 不得不暂时关闭的时候，笔者和国际合作组的同事们依旧经常会通过在线系统共同审评大量的论文。仅在 2020 一年，笔者自己就参与了近 100 篇文章的评审和修改。

每年在 CERN 约有 600 名博士生完成博士论文和答辩，他们使用 CERN 的设施对不同的课题进行研究，以此撰写论文并获得其所在学校的博士学位。来自世界各地的攻读硕士、博士学位的研究生经常会来到 CERN 进行时间长短不等的实习，他们可以在这里学习和掌握未来工作中所必备的知识技能，也可以为自己的履历添加独特的科研经验。不过，由于世界各国在基础研究领域的经费投入总是有限的，CERN 在物理研究方面的工作职位数量也不能任意增加，只有一小部分受过专业培训的学生能够继续从事粒子物理的研究工作。物理学作为基础科学，即使在学科专业知识之外，也能培养人的数学分析能力、科学实证精神、设计使用复杂工具（比如编程和建模）的能力。

在同世界各地的同事合作完成项目的过程中，人的交流、沟通、协作和管理能力也会得到提高。因此，这批高素质的专业化人才依旧可以进入各种其他领域，比如金融、工业、通信和计算机等，而且很可能成为这些领域的佼佼者。比如，特斯拉（全球最大的电动汽车企业）和 SpaceX（全球最大的商用航天企业）的创始人埃隆·马斯克就拥有宾夕法尼亚大学的物理学学士学位，还曾攻读斯坦福大学的应用物理学博士课程。

在金融领域，世界顶级的投资机构甚至会更青睐有物理学背景的基金经理和投资人，量化投资领域的金融产品数学模型也离不开物理博士们的功劳。

　　甚至在政治领域，德国第一任女总理默克尔（Angela Dorothea Merkel，1954 年出生）也是莱比锡大学的物理学博士，从 2005 到 2021 年，她在德国执政了创纪录的 16 年。

　　除了为物理学界和其他各领域输送训练有素的专业化人才，CERN 还为中小学生准备了各类短期培训（有些学校还会把参观 CERN 作为学生的选修课程），每年有来自各大洲的 1 000 多名高中教师来到 CERN 学习交流，以便更好地向学生传授物理知识。另外，CERN 也面向公众开放物理学的科普课程、讲座和参观项目，由 CERN 的工作人员志愿地为参观者进行免费的导览讲解。这些项目有助于帮助普通人了解基础研究是如何运作的，也可以培养年轻人对自然科学的兴趣。从 2004 年开始，笔者也力所能及地参与到 CERN 的科普传播工作中。2014 年从北京大学的教学岗位退休后，笔者每年在继续参与 CERN 的实验研究之外，尽力为大众讲解 CERN 的设施和研究计划，希望能够把粒子物理学家们所从事的基础研究这一伟大事业介绍给更多的人，获得广大公众更多的理解和持久的支持。

因此，尽管需要耗资上千亿元，但建造更大的对撞机可以汇聚全球成千上万名一流学者到对撞机上进行研究，而对撞机所在的地点也就很可能成为世界高能物理的科研中心。

就像 CERN 汇聚了上万名科学、技术、工程人员一样，超大型对撞机项目将提供成百上千个新科研岗位。这批世界一流的科学家即使有可能遇不到机会在粒子物理领域发现更激动人心（也更稀有）的成果，也会在真空、超导、超低温、计算机、工程学等方面做出贡献。

你可能会问，难道物理学家还有可能找不到工作吗？事实上，由于学术和研究岗位有限，许多原本打算终身献身于基础研究的物理学家不得不放弃寻找研究工作，而是转行去金融或者计算机领域。有些本来干得好好的物理学家，也有可能因为实验室关闭、项目中断等而面临职业的变动。以粒子物理为例，今天 CERN 的 LHC 的设计对撞能量（质子对撞）是 14 TeV，从批准投资立项到施工，人们花费了 14 年的时间建造它，直到 2008 年才建成并投入使用。而早在 1987 年，美国就决定建造世界上最强大的对撞机 SSC（Superconducting Super Collider，超导超级对撞机），它的设计对撞能量高达 40 TeV（约为 LHC 的 3 倍），周长约 87 km（是 LHC 的 3 倍多）。

这一预计投入超过 80 亿美元的项目却在 1993 年被美国国会叫停，在投资和建造计划仅完成了不到 1/4 的时候就不得不中途下马。这件事的直接结果就是 SSC 聘用的一大批科学家失业，与 SSC 签署的应聘合作协议被迫作废，其中一些物理学家，后来不得不利用他们的数据分析和数学技能转到华尔街的金融机构去工作。我们知道，CERN 历史上最重大的发现就是 2012 年找到的希格斯玻色子；假如 SSC 真的建成，很可能希格斯玻色子在 21 世纪初就会被 SSC 发现了。而 SSC 的中止，也导致世界粒子物理的研究中心，确定无疑地从美国转移到了欧洲的 CERN。

SSC 为什么会被叫停呢？实际上，SSC 被叫停的原因中很重要的一个就是：这种大型科学工程研究项目投入巨大，很可能会严重挤压其他学科领域的科研经费——同样的投入如果适当地分给其他有良好前景和应用潜力的较小项目，获得的科技、经济效益很可能更高。特别是，近些年粒子物理发展趋缓，即使是 100 TeV 的对撞机，撞出"好东西"的可能性也很不确定。另外，根据以往建造大型对撞机的经验，这类项目在建造过程中会遇到不少意想不到的特殊状况，比较容易出现经费超标和施工延期的情况，从投入到产生相关效益的周期也可能长达几十年。因此，人们在未来建造超大对撞机的时候，也会面临同 SSC 类似的问题和风险。

你可能会问，如果不建造超大的对撞机，而建个小点儿的，难道就不能吸引人才、就不会有物理上的新发现吗？也许下面这个在美国费米国家加速器实验室发生的故事能带给你一些启示。在 2008 年 LHC 建成前长达 20 多年，费米实验室的 Tevatron 对撞机曾是世界上能量最高的对撞机，它历史上最重大的发现就是 1995 年撞出来的顶夸克粒子。然而，LHC 建成后就成为世界上能量最高的对撞机，而 Tevatron 在 2011 年因为无法与LHC 竞争而被迫关闭，成百上千名科学家只得转行去做其他项目。为什么人们要关闭 Tevatron 呢？对美国国会而言，CERN 的 LHC 能量更高，探索的是过去人类没有涉及的能量区域，取得成果的可能性大得多；而低能量的对撞机所探索的物理已经被反复研究过了，取得突破性成果就更难。在资金有限的情况下，Tevatron 自然就失去了竞争力，也失去了财政支持。

总之，超大型对撞机的建造可能有很多收益，但投入也是极大的。收益在很多情况下很可能是不确定的，而投入则要付出真金白银，在这中间找到平衡点无疑是困难且复杂的工作。

知识要点

除了发现新知、促进技术进步、产生经济回报、改变人们生活方式之外，当今的基础研究开展工作的方式决定了它还能从培养高素质的专业化人才和促进国际交流合作两个方面产生巨大的作用。

1

大型基础研究项目能够提供许多科研岗位、汇聚全球顶尖的科学家合作完成工作；这些项目还能够培养专业化的人才，即使他们转入其他领域，也能凭借基础研究中积累起来的各项知识和技能成为优秀的员工甚至领导者。

2

建造大型项目需要付出巨大的成本，其收益有可能十分巨大却充满了风险。SSC 的中途下马和 Tevatron 的关闭也许可以给我们提供一些历史经验和教训。

3

课后习题

1. 假如你有兴趣从事物理研究，你认为在下面描述的哪种情况下，你最有可能做出巨大贡献并名垂青史？（   ）

    A. 努力学习专业知识，在科研岗位上长期辛勤劳作，再加上有一些运气

    B. 通过看抖音和哔哩哔哩上的视频，在不掌握数学工具的情况下自学量子力学

    C. 把自己关在一个遗世独立网络不通的遥远山村里闭门造车

    D. 一知名占星师为你推演了你的星盘，他根据星座学说预言你骨骼清奇必能成大器

2. 今天，几乎所有的大型前沿物理实验研究都是由国际团队合作进行的，关于这一事实，以下哪些说法是正确的（多选）？（   ）

    A. 这是因为人们想要避免某个国家一家独大，在掌握前沿知识后征服世界

    B. 这是因为人们当今研究的物理问题本身和研究这些问题所需要的工具都极其复杂

    C. 那种靠几个天才科学家单枪匹马就撑起一个新学科的时代已经一去不复返了

    D. ITER，CERN 都是由国际团队合作进行的大型物理实验项目

3. 假如你有机会去 CERN 访问或参观学习，以下哪件事情是绝对不可能发生的？（ ）

    A. 在 CERN 的食堂吃午饭

    B. 去报告厅听物理学家的讲座

    C. 由笔者为你进行免费的科普导览讲解

    D. 你需要购买并穿着 CERN 特制的量子防辐射服才能进入实验室参观

4. CERN 每年会发表成百上千篇学术论文，关于这些论文，以下哪些是正确的（多选）？（ ）

    A. 笔者和他的同事需要对这些论文进行评审和修改工作

    B. 有些论文会出现作者名单比正文还要长的情况

    C. 这些论文需要由合作组中的大部分科学家署名

    D. 新冠疫情最严重、CERN 不得不暂时关闭的时候，就不需要对论文进行评审了

5. 一位物理学的博士毕业生，可能会拥有以下哪些能力（多选）？（ ）

    A. 复杂数学工具的使用和分析能力

    B. 编程和建模能力

    C. 制造出一枚原子弹的能力

    D. 看懂物理学学术论文的能力

6. 以下哪些人曾经接受过物理学的专业训练（多选）？（　　）

　　A. 特斯拉汽车的创始人埃隆·马斯克

　　B. 德国第一任女总理默克尔

　　C. 佛教的创始人释迦牟尼

　　D. 量子波动速读的创始人飞谷由美子

7. 基础研究可以培养人才，提供科研岗位，促进国际间的交流与合作，关于这一事实，以下哪种说法是错误的？（　　）

　　A. 建造更大的对撞机可以汇聚全球学者和工程人员到对撞机上进行研究

　　B. 许多大型基础研究实验项目需要国际合作，人们需要摒弃种族和政见的不和，为共同的目标努力奋斗

　　C. 一些基础研究项目被砍掉后，本来干得好好的物理学家可能要面临失业或者转行的职业变动

　　D. 我国应该将全部科研和技术经费都投入基础研究，加速基础研究的发展

8. 关于 SSC 的下马，以下哪些说法是正确的（多选）？（　　）

　　A. SSC 的项目投入巨大，很可能严重挤压其他学科领域的科研经费

　　B. SSC 如果真的建成，很可能希格斯玻色子就不会是在 CERN 的 LHC 上发现了

　　C. SSC 的中止，导致世界粒子物理的研究中心从美国转移到了欧洲

　　D. SSC 曾经是世界上最强大的对撞机，它可以实现 40 TeV 的对撞能量

9. 中国在讨论是否建造自己的更大型的对撞机的时候，不需要考虑以下哪个问题？（　）

A. 投入给超大型项目的科研经费如果适当分给其他较小的项目，是否会获得更好的经济效益和科技成果？

B. 此类项目在建造的过程中是否会遇到意想不到的特殊状况，导致出现经费超标和施工延期？

C. 项目从投入并建造到产生科学新知或经济效益需要多长的时间周期？

D. 什么时候是修建更大型对撞机的良辰吉时？

答案：1. A；2. BCD；3. D；4. ABC；5. ABD；6. AB；7. D；8. ABC；9. D

延展阅读

底夸克的发现也是在费米国家加速器实验室——Tevatron 建成前，在主环加速器的一个固定靶实验上。1977 年，美国费米实验室的利昂·莱德曼（Leon Max Lederman，1992—2018 年）团队在费米实验室寻找 μ 子时的实验中发现了 Y 粒子（Upsilon 粒子），经过研究，最终确认这是一种底夸克 − 反底夸克束缚态粒子。底夸克的发现使得夸克的数量增加到 5 种。

第 7 节
CERN 的运作模式（民主管理 与充分合作）

经过前面的两节，你已经知道了基础研究对人类社会发展的重要作用以及为什么当今的物理研究要求建造大型的复杂实验装置，需要成千上万名物理学家、工程和技术人员一起合作，才能在这些领域取得一些进展。那么，这种投入成百上千亿人民币的高科技项目，到底是如何从零开始建造起来的呢？人们又是如何组织和管理成千上万名来自上百个国家和地区的工作人员的呢？下面继续以 CERN 为例，揭秘前沿物理实验研究到底是如何开展工作的。

首先，世界上任何一个大型项目都需要一个负责机构。这些机构总是因为一个共同的目标组织起来，比如商业公司的目标就是在某个领域中提供好的产品或服务、创造商业利润，而国际研究合作组织的目标则是期望在某个领域中获得更多的科学认知、促进科技的进步。CERN 就是以推动粒子物理研究进展为目的，也就是为了理解物质的基本组成部分以及这些粒子之间如何相互作用而建立起来的国际合作组织。为了更好地完成使命，CERN 要负责所有的行政与技术工作，以及从 1954 年成立以来一系列重要的从小到大的加速器，直至世界上最大的科学装置——LHC 的建造。LHC 是在 CERN 的管理下，与世界上其他的实验室，如美国的费米实验室、日本的高能加速器研究机构（KEK）等合作设计并建造的。造好后，由 CERN 的工作人员负责运行和操作。

　　具体的物理实验和实验结果分析、撰写论文之类的工作则完全由大型探测器实验的国际合作组来完成。每个合作组都是由来自几十个国家（和地区）的数百个研究机构聘请的人员组成，每个研究机构都可以任命一名或几名代表参加合作组委员会。比如，笔者就是在 LHC 上的 CMS 实验的国际合作组工作，也曾是北京大学技术物理系在这个合作组的代表之一。在合作组委员会里，代表们会一起定期每年 4～5 次开会制订本合作组的规则和科研计划，并且负责具体的科研项目的落实进展。最终，这些计划和进展都要定期向 CERN 理事会指定的科学评审委员会报告和得到

合作组各司其职。

批准。大型国际合作组里有一些根据不同项目而成立的更细分的组，组里的每个人都应该为这些科学项目做出各自的贡献。这种贡献可以是实验装置中的部件的设计和建造，也可以是设计开发相关的算法软件，分析探测器收集到的海量数据，从而获得可靠的物理结果，等等——就像在商业公司里每个部门的人都得努力工作、为公司实现利润做出贡献一样。但是，和商业公司不同的是，合作组里并没有老板去命令别人做什么或不做什么，科学家们能够平等且民主地进行合作，每个人都可以提出自己的建议和意见、与团队成员进行讨论（有时还会很激烈），还可以按照自己喜欢的方式工作（有的人喜欢早上工作、有的人喜欢晚上工作，在 CERN 这些都不是什么问题）。

参加国际合作组的各个研究单位都可以自由决定他们参与什么项目、完成什么任务，只要他们能证明自己的实力就可以。所有的任务分配和时间表都是大家协商一致的结果，所有的责任也需要由集体——也就是各个大型合作组整体来承担。如果某个具体的研究组或者研究机构遇到了什么困难，整个团队都需要面对和解决问题。一旦取得了研究成果和进展，也是合作组里的每个成员所共享的，所以，每一篇合作组发表的科学论文都是数千人一起署名的。

当然，没有老板发号施令、科学家们平等合作并不代表合作组没有强有力的领导机制。以 CMS 合作组为例，合作组中各个项目的进展都由叫作"管理委员会"的机构负责管理和监督，以确保各个团队的工作都能够按照既定计划有条不紊地进行，从而使得各种实施方案（即使非常复杂）

都能顺利完成。管理委员会每两年换届一次，由合作组的全体成员选举一名合作组发言人（spokesperson），这位发言人可以提名一部分管理委员会的成员候选人，由合作组委员会全体参与单位的代表来投票确认。此外，CMS 合作组全体成员通过的章程规定，发言人只担任一届，不能连任。

在合作组里，各种各样的决策都是经过充分讨论、达成共识后集体作出的，但大家都是基于科学证据来判断某个方案的优劣，他们共同的、客观的评估标准就是要最有效地在性能、可靠性和成本之间取得平衡。如果意见不统一，科学的利益必须放在第一位，正是共同的科学目标决定了 CERN 所有国际合作组的运作。

那么，这一切到底是怎么实现的呢？其实，这些大型合作组的工作动力就来源于 CERN 的使命——科学家想要了解宇宙是什么构成的，它是怎么形成的、又会向着什么方向演变。科学家做科研的核心动机实际上就是对物质世界的好奇心，这种动机决定了每个合作组的工作方向，并把大家凝聚在一起。当然，要想实现共同的大目标，还必须将大目标拆分成具体的小

科学的利益必须放在第一位，正是共同的科学目标决定了 CERN 所有国际合作组的运作。

目标。那么，粒子物理学界的小目标都有哪些呢？

在之前的章节里，笔者围绕着"物质世界是什么构成的"这一问题，从原子一直介绍到原子核里的质子、中子、电子，还介绍了粒子物理的标准模型，以及如何用 12 个基本的费米子描述物质的组成部分，又如何用一些基本的玻色子来描述作用在物质上的力。但是，标准模型只是目前阶段最好的理论，它也并不完美（比如引力就没有办法用标准模型解释），我们这个时代的粒子物理学家就特别迫切地想要更好地验证并发展标准模型。因此，找到标准模型里描述的但还没有被发现的粒子（比如顶夸克、希格斯玻色子等），就是我们重要的小目标之一。另外，有些理论物理学家还提出了超越标准模型的新理论假设，我们也需要通过实验验证理论假设的预言。除了基本粒子，我们对暗物质的性质，宇宙大爆炸后莫名其妙地"消失"的反物质，以及大爆炸之初的情况都十分好奇。搞清楚这些问题都可以说是粒子物理学研究中的目标。为了实现这些目标，物理学家们就需要建造 LHC，而且还要不断提高和改善它的性能。

那么，LHC 到底需要什么样的性能才能满足科学家们的要求呢？物理学家可以通过撞碎原子核、研究撞出来的碎片的性质而发现构成物质的粒子，LHC 就需要通过对撞强子（其中，LHC 在约 90% 的运行时间内对撞的都是质子）来产生巨大的能量以撞出新的粒子。由于质子本身的质量非常非常小，根据爱因斯坦的质能方程 $E = mc^2$，要想让对撞的粒子能量足够大（比如达到每束粒子是 7 TeV，也就是对撞能量 14 TeV），LHC 就必须要将质子加速至接近光速，更确切地说，是加速到 99.999 999 1% 的光速。

LHC 的主要加速装置被设计在一个 27 km 长的环形轨道上，轨道内有两个彼此平行的直径为约 5 cm 的管道，两束粒子分别在这两个管道内沿着相反的方向运行，每秒钟沿此环形轨道绕行约 11 000 圈，每圈被加速一次。

这个课题怎么样？

这两条管道有 4 个交叉点，粒子就在这 4 个交叉点发生对撞。对撞的能量到底有多大呢？在目前的运行中，每对粒子碰撞的能量是 13 TeV，如果把这一微观层面的事件简单复制到宏观层面，那就是相当于两列高速运行的高铁动车迎面相撞所产生的能量。

当然，LHC 里并没有发生列车相撞那样惨烈的情况，这是因为 LHC 中被加速的粒子数量和质量远远小于一列动车所拥有的粒子数量和质量。

实现对撞只是做粒子物理实验的第一步，科学家还必须能够探测和分析对撞时发生了什么，因此，人们在 4 个对撞点上安装了 4 个庞大的不同的探测器，名称分别 是 ATLAS、ALICE、CMS 和 LHCb（图 3-7-1），它们的主要任务是捕获被加速的粒子撞出的各种碎片，鉴别这些碎片各是什么粒子，并测量它们的性质（比如能量、速度、电荷等）和分布特征，以便研究对撞时到底发生了什么。为什么要花上百亿人民币建 4 个不同的探测器呢？

一方面，每个探测器的主要任务有些区别，例如，ALICE 和 LHCb 的研究目标更专门些（ALICE 主要是研究宇宙大爆炸之

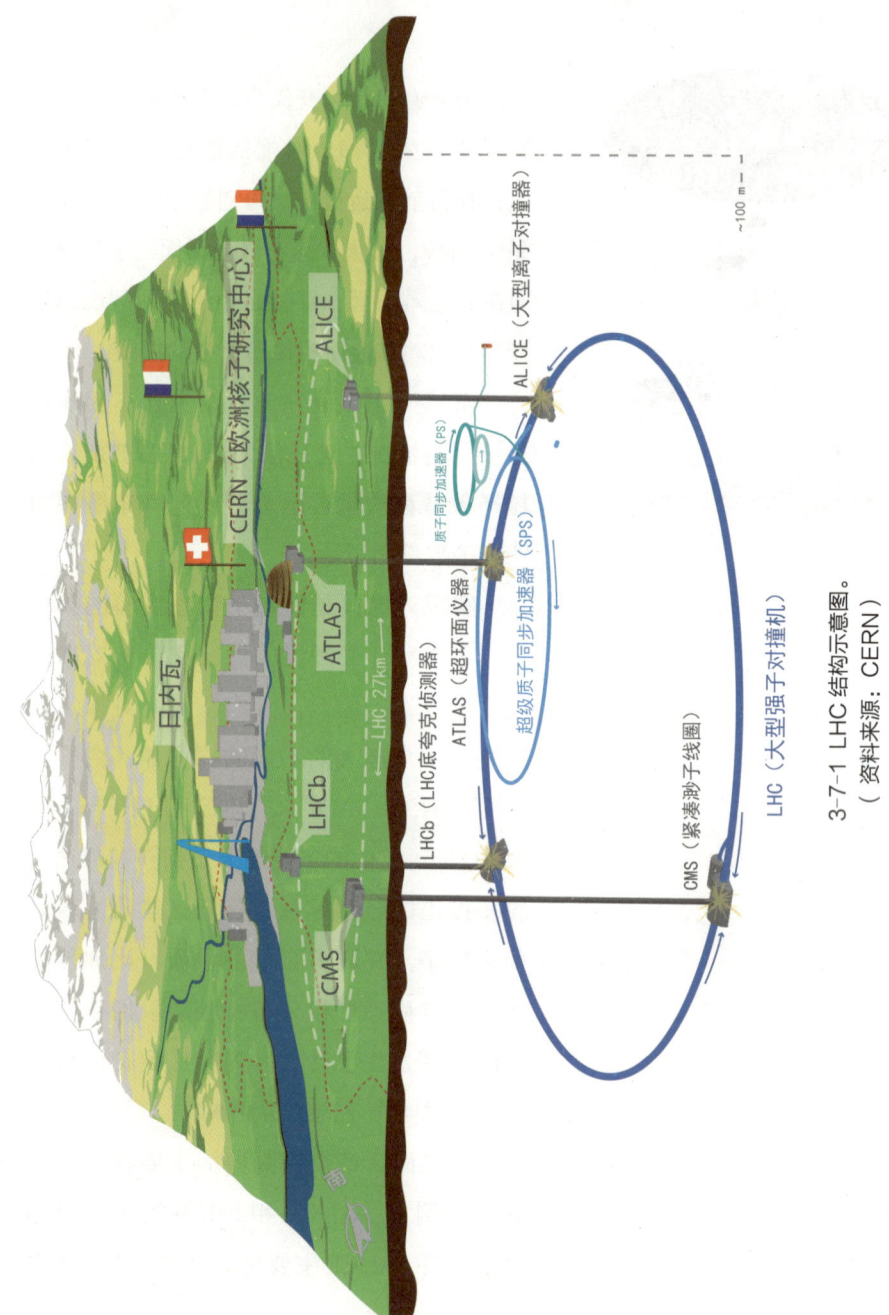

CERN（欧洲核子研究中心）

日内瓦

ALICE

ATLAS

LHCb

CMS

LHC 27 km

ALICE（大型离子对撞器）

质子同步加速器（PS）

ATLAS（超环面仪器）

超级质子同步加速器（SPS）

LHCb（LHC底夸克侦测器）

CMS（紧凑渺子线圈）

~100 m

LHC（大型强子对撞机）

3-7-1 LHC 结构示意图。

（资料来源：CERN）

后瞬间存在的物质状态——夸克－胶子等离子体，LHCb 则主要是研究反物质相关的内容），而 ATLAS 和 CMS 可研究的项目更多元化，粒子物理学家感兴趣的许多问题都可以研究，所以被称为"通用探测器"（general-puporse detector）。你可能会问，这些研究项目难道不会相互重复吗？实际上，我们所希望的就是某个探测器上找到的东西能够重复在另一个结构不同的探测器上出现。特别是，尽管 ATLAS 和 CMS 探测和分析粒子的基本原理是类似的，但是设计和工程建造的方式却要尽量有比较大的差别。这样，如果某种未知的粒子在两个几乎完全不一样的探测器上都被发现了，那么这个发现就更令人信服了。

这实际上就是科学实验所要求的可重复性，这种可重复性能够帮助我们排除设备发生故障或人员操作失误之类的问题，使我们发现的东西和验证的理论有更高的可信度。另一方面，在撞出新粒子之前，我们实际上并不能完全预测到所有的探测结果，所以必须绞尽脑汁做出多样化的设计，以便应对多种可能性。理论物理学家们提出的许多理论能够帮助实验物理学家们做出探测器的不同设计方案和分析方法。

在 4 个探测器里，ATLAS 的个头是最大的，它是一个 10 层楼那么高、约半个足球场那么长的桶形，比笔者所主要参与使用的 CMS 探测器大 4 倍多，但后者却是 4 个探测器里最重的，重达 1.4 万吨，相当于 50 多架世界上最大的客机（空客 380 的空机）那么重，是 ATLAS 探测器重量的 2 倍。所有的探测器看起来又大又重，但实际上它们的内部精细无比，由几百万个小型超精密部件组成，其中最精密的部件精度可达到微米的级别，也就是比人的头发丝还要细。为了将各种部件装到十几米高的 CMS 主体上，笔者曾经还考取了操作升降机的资质，利用它来爬上爬下，花费了几年的时间和同事们一起将那些复杂的精密装置安装好。

有人曾经把构成探测器的零件的复杂和精致程度和瑞士制造的精工手表进行类比。不仅如此，根据 2021 年 4 月的数据，仅 CMS 上就有来自 54 个国家、241 个研究单位的 5 302 人一起工作（其中可以在论文上署名的科学家有 2105 人）。

我们必须根据实验的需要和自己的资源、专长、兴趣等，参与到不同的具体项目中去，进行长期专注且艰苦的努力——笔者自己从 1994 年开始参加 CMS 国际合作组到今天，就已经有 30 余年的时间了，可见设计和建造探测器是一件多么不容易的事情！

实际上，我们的工作一直都在持续进行，希望能够不断提高探测器的性能。

当然，我们的工作中也充满了竞争，每个小组、合作组的每个参与单位和每个大型国际合作组都渴望做出重要的贡献，获得同行们的尊重与认可。组与组之间有时也会相互较劲，看谁能更好地解决遇到的各种大大小小的问题。但是在 CERN，最重要的就是人们必须首先学会合作，再在合作与竞争中找到合适的平衡点。

知识要点

CERN 理事会为 CERN 明确了 4 个使命：（1）研究粒子物理、探索未知世界；（2）开发新技术；（3）培养人才；（4）促进国际合作。基于此，CERN 的科学家们平等地合作、长期共同努力，设计并建造了 LHC 及 4 个大型探测器。

1

每个大型试验项目都由各自的大型国际合作组负责建造、运行和管理，比如 ATLAS 国际合作组、CMS 国际合作组等。每个国际合作组有不同的研究目标，合作组中的每个成员都应该为目标的实现做出自己的贡献。

2

LHC 通过将强子加速至接近光速并对撞来产生巨大的能量，以发现新的粒子。LHC 上建造了 4 个不同的探测器，以便研究对撞时发生的事情。人们也将持续完善和升级 LHC 及探测器的功能。

3

课后习题

1. 在 CERN，如果科学家们有意见不一致时，根据什么来做最终决定？
（　　）

    A. 科学

    B. 国家

    C. 成本

    D. 效益

2. 在 4 个对撞点中，个头最大的是（　　）

    A. ATLAS

    B. ALICE

    C. CMS

    D. LHCb

答案：1. A；2. A

延展阅读

粒子物理常用的能量单位（电子伏特）

电子伏特（eV）表示的是一个电子在 1 V 的电池中（普通家用电池是 1.5 V），从正负电极之间获得的势能差。一只 2 mg 的蚊子全速（例如 0.4 m/s）飞行时所具有的能量相当于 1 万亿电子伏特，即 10^{12} eV。这也被称为 1 Trillion electron volt (TeV)"。

我们可以通过以下方式来测量这只蚊子的能量。首先，它的动能 E_k 为：

$$E_k = \frac{1}{2} mv^2$$

让我们把所有的单位转换成千克（kg）和米每秒（m/s）来获得以焦耳（J）为单位的能量（1 J 是对应于 1 kg × 1 m^2/s^2 的能量的单位）。蚊子的质量是 2 mg，即 2×10^{-6} kg，它的速度是 0.4 m/s。其动能是 1/2 × 2 × 10^{-6} kg ×（0.4 m/s）^{2}，也就是 1.6×10^{-7} J。我们知道，1 J 等于 6.24×10^{18} eV，那么这只 2 mg 的蚊子在全速飞行时具有的能量就约为 1×10^{12} eV，即 1 TeV。

CERN 的大型强子对撞机（LHC）能把每个质子加速到 7 TeV 的能量（也就是 7 只全速飞行的蚊子的能量），而当两个质子相互对撞时，这一对撞能量就是 14 TeV。比较一粒质子（它的质量约为 1.67×10^{-24} g）和一只 2 mg 的蚊子（2×10^{-3} g），就像是一个成年人（约 50 kg）和月球（7.3×10^{22} kg）的差值（21 个数量级）。根据质能方程，我们可以想象一下，这只蚊子所有的能量都凝结到质子的大小上去（也就像是把月球所有的能量都凝聚到一个人身上），那么，这个能量在微观的尺度上就变得非常巨大。

在 LHC 中，每一束质子中都含有 3×10^{14} 个质子，每个质子的能量是 7 TeV，那么每一束质子所具有的能量就是 2.1×10^{15} TeV。而一列高速行驶的高铁列车，其质量为 400 t（4×10^5 kg），速度为 55 m/s（平均时速为 200 km），那么这列高铁列车的动能就是 6×10^8 J，也就是相当于 3.6×10^{15} TeV，这与刚刚计算的一束质子中所有的能量是一个数量级。

你可能会问，如果粒子对撞时真有高铁相撞那么大的能量，那岂不是会把 CERN 都炸上天了！

实际上，只有当每条束流中所有（3×10^{14} 个）的质子都对撞时才有这么高的能量，由于质子非常小，所以束流中质子之间的大部分空间是真空，从而真正能够对撞上的质子大概只占所有质子的一百万分之一，也就相当于一列高铁只有 400 g 质量的部分能对撞，这样一来，能量就小很多了，差不多就是约 20 万只蚊子对撞的能量。所以不用担心，CERN 和 LHC 从 2009 年至今都还在好好地运行着呢！

物理科学研究领域中的女性和其他少数群体

科学研究需要人们发挥想象力和创造力，俗话说"三个臭皮匠，顶过一个诸葛亮"，一个人的创造力是有限的，但是一个群体的创造力可能是非常大的。如果每个人都根据自己的背景和天赋自由地提出各种各样的意见，人们就有可能找到最有创造力的主意，因为提出的意见越多、分析的角度越丰富，人们就越有可能从中筛选出最好的方法。另外更重要的一点，就是科学研究需要人们协力合作、各自贡献专业知识技能，这就要求人们能够平等地对待彼此并相互尊重。但是，你可能很快就发现了，无论是在科研机构还是在大学里，大部分物理、数学、工程学家似乎都是男性，而且很多科学家是白人。就拿笔者工作的 CERN 来说吧，超过 80% 的科研岗位聘用的都是白人。如果说 CERN 在欧洲，白人占大多数还是可以理解的话，但在性别比例上，CERN 里 82% 的科研职位都是男性担任的。

大家或许还记得，我们在第 1 章第 2 节提到过化学家拉瓦锡的夫人对拉瓦锡的研究和推广做出了重要贡献，却鲜为人知。高中教材中那幅插图可能大家也还记得，作者有意无意地剪切了拉瓦锡的夫人，也体现了传统上自然科学中的"性别歧视"。比如，如果让你列举几个著名物理学家的名字，你肯定能想到很多人：牛顿、爱因斯坦、杨振宁等，但是如果让你列举著名的女性科学家，恐怕大部分人最多只能说出"居里夫人"，而这个"居里夫人"也是以她丈夫"居里"来命名的，知道"居里夫人"原名的人少之又少（居里夫人全名为 Maria Skłodowska-Curie，中间是她的波兰娘家姓）。

我们一起研究的！

普通人的概念中，女性对于科学的作用似乎并不明显，而学术界对此的见解也并没有高明到哪里去。毕竟，许多大学在 20 世纪上半叶前，还不允许女性就读自然科学学科并获取学位。而在美国，著名的常青藤学校——普林斯顿大学，直到 1969 年才开始录取女性本科学生[38]。另外，从 1901 年到 2020 年的 120 年来，在 624 位诺贝尔科学类别的获奖者中，只有 23 名女性（物理 4 个，化学 7 个，生理医学 12 个），比例不足 4%。其中，诺贝尔物理

如果说 CERN 在欧洲，白人占大多数还是可以理解的话，那你知道吗？ CERN 里 82% 的科研职位都是男性担任的。

学奖一共只授予了 4 位女性：第一位是 1903 年的居里夫人；第二位过了 60 年，到 1963 年获得；第三位则是又过了 55 年，也就是到 2018 年才获得；而第四位则是 2020 年获得的。

诺贝尔物理学奖还存在一些案例，那就是女性即使做出了重大的科学贡献，却仅授予她们的男性合作者诺贝尔奖。比如，奥托·哈恩因为发现核裂变反应而获得了诺贝尔物理学奖，实际上他有一名女性合作伙伴——奥地利物理学家莉泽·迈特纳，他们曾经一起合作了许多年，但是由于种种原因，诺贝尔奖却没有同时授予迈特纳[39]。

今天，人们已经承认了她的贡献，欧洲物理学会核物理方面的最高荣誉就被命名为莉泽·迈特纳奖。另外，著名的美籍华裔物理学家李政道（1926—2024 年）和杨振宁因"宇称不守恒"理论而获得了 1957 年的诺贝尔物理学奖，如果仅仅是提出理论却不能被实验证明，他们就不可能得到诺贝尔奖。就像希格斯场理论那样，如果没有 CERN 的 CMS 和 ATLAS 实验的验证，提出这一理论的物理学家就永远无法得到诺贝尔奖。事实上，在距希格斯场理论提出约 50 年后，CERN 的实验才发现希格斯玻色子，而此时最早提出理论的 3 个人中有一位已经不幸去世，而诺贝尔奖只颁发给在世的人，因此只有另外两个理论家得了 2013 年的诺贝尔物理学奖。

那么，李－杨理论是由谁在实验上证明的呢？华裔美籍女物理学家吴健雄（1912—1997 年）和她的团队提出了正确的实验方案，也最早地对李－杨理论进行了实验验证，但最终吴健雄和其他所有的实验物理学家由于种种原因都没能获得诺贝尔奖。不过，1975 年，吴健雄当选为美国物理学会会长，也是该学会历史上第一名女性会长 [40]。

至于我们熟悉的居里夫人，本来诺贝尔委员会并没有打算给她颁发她的第一个诺贝尔奖，正是在居里先生的据理力争下，她才得以与丈夫和贝克勒尔一起分享了 1903 年的诺贝尔物理学奖。

那么，为什么科学界的女性如此之少呢？造成这一结果的原因有很多，其中一个主要的原因是人们对女性的偏见。这种偏见使得女性在科研活动中不够受重视、机会有限，甚至女性即使做出了突出的贡献，也被"选择性"地忽视了。有不少人认为，女性天生不够"理性"、女性的逻辑思维比不过男性，所以女性不适合搞科研。

比如，笔者有同事有一次坐出租车，跟司机师傅聊天，他提起来要给自己 6 岁的女儿报逻辑思维课，因为觉得女孩儿这方面天生差一点，所以要趁孩子小的时候就补补。实际上，这类说法根本没有任何科学依据，从来没有人能够证明男女确实存在着某种生理差异，导致男孩更适合科学领域。

生理学家通过影像学研究分析人的大脑活动，他们发现，人类在出生时只有 10% 的大脑神经元链接存在（男性和女性在这 10% 上没有任何本质差异），剩下的 90% 是通过后天学习而建立的新的神经连接。

因此，逻辑思维、理性能力甚至智力，几乎都是人在成长过程中教育、文化、社会相互作用的结果。

在后天的发展过程中，科学家发现，女孩在理科学习方面受到的鼓励可能比男孩要少很多，比如，不少老师对男孩的数学考试成绩期望值明显高于对女孩的。这种"重男轻女"现象在全世界范围内都普遍存在，于是，女孩们在这种潜移默化的影响中，也很有可能默认自己"不适合搞科学"，从而放弃在科学方面的努力。有研究发现，仅仅是在数学考试前告诉女孩们：女性在数学方面一般不太擅长，女孩之后考试的分数就会比正常的情况下低。而如果反过来，在考试前强调性别对学数学没有差异，女孩在考试中的表现就会更好。另外，和许多人认为的恰恰相反，某些研究甚至表明：在高中阶段，女孩在科学和数学方面的成功率实际上是略高于男孩的。在中国，考上高中的学生里，女生略多于男生，而且女生高考平均分也比男生的平均分高。

不过，即使很多女生在理科上的分数并不比男生低，在选择把科学作为专业和事业的时候，女性还是更容易丧失勇气，因为她们总要面对许多质疑和反对的声音。比如，某些人对女博士有偏见，认为她们

非常另类、性格不好，也嫁不出去；还有人认为女性在科学研究方面很难取得什么成就，只能在大学里随便混混日子。社交媒体、电影电视等部分内容也会对科学家们的男性形象加以强化，强调科学中"男性化"的一面，比如充满敌意的激烈竞争、征服改变自然的野心、英雄主义式的天才等，而较少向大众展示科学研究中的合作精神、和平交流、包容性与多元化。

在职场中，女性科学家也可能会受到不同程度的歧视。比如招聘中，负责人可能会更倾向于雇佣男性，而不是受到同等专业训练、有同等科研能力和成果的女性。根据美国耶鲁大学的一项研究，如果两份简历的内容完全一样，但是一份的申请人是男性常用的名字（比如"约翰"），另一份是女性常用的名字（比如"珍妮弗"），那么，无论雇主是男教授还是女教授，大家对"约翰"的评价都会更好，也愿意支付"约翰"更高的薪水[41]。

另外，根据美国物理联合会一项大型调查，女性物理学家和她们的男性同事相比，获得的各种支持与资源都更少；有更多的女性表示，在生育了孩子之后，她们的职

在高中阶段，女孩在科学和数学方面的成功率实际上是略高于男孩的。在中国，考上高中的学生里，女生略多于男生，而且女生高考平均分也比男生的平均分高。

业受到了不同程度的影响；同时，更多的女性表示她们承担了大部分的家务劳动。总之，对女性科学家的各种性别歧视以及女性科学家所遭受的许多不平等待遇，至今依旧存在。另外，除了女性，少数族裔和性少数群体，以及不同的宗教信仰的科学工作者也会在科研领域中受到差别对待，在某些地方，人们甚至不敢公开自己的身份。

到今天，我们已经认识到了多元化价值的重要性，也意识到了女性和其他少数群体在科学研究工作中受到差别对待的问题。在 CERN，虽然女性科学家的整体比例依然远小于男性，但是近十年来已经有了一些改进：不仅女性科学家的数量增多了，而且也有一些女性受命于 CERN 中重要的领导岗位，比如 CERN 的现任总主任法比奥拉·吉亚诺蒂博士（Fabiola Gianotti，1960 年出生）就是 CERN 历史上第一位女性总主任，也是第一位被连续任命了两个 5 年任期的总主任。我国著名的物理学家谢希德（1921—2000 年）也是一位女性，她不仅在半导体领域中研究出色，还曾担任复旦大学的校长。另外，最近 40 年的诺贝尔科学类别奖项也出现不少女性获奖者（从 1901 到 2020 年的 120 年间，前 80 年每 20 年间只有个位数的女性得奖，而 1981 到 2000 年有 11 人，2001 到 2020 年则有 28 人）——总之，一切都在往好的方向发展。

知识要点

多元化的价值有利于创新，因为它允许不同背景和天赋的人都能够贡献自己的思路，从而可能从这些思路中筛选出最好的方法。

1

女性在科学领域容易受到忽视和歧视，这并不是因为女性天生在理科学习和科研方面比男性更弱、不适合搞科学，更多的是因为人们的传统偏见和后天环境的影响，大众传媒不切实际的宣传也会误导人们，并加深偏见。

2

除了女性，少数族裔和性少数群体在科学研究工作中也可能受到不平等的待遇，许多科研机构已经开始为不同的群体提供支持，比如 CERN 已经开始努力尝试为社会树立榜样。

3

课后习题

选择题：请选择最符合题意的一项或几项。

1. 女性在科研中受到的歧视包括（单选）：（　　）

　　A. 被禁止进入科研领域

　　B. 奖项被授予男性工作者

　　C. 负责人更倾向于雇佣男性

　　D. 以上都是

2. 关于男性和女性的学习能力，以下说法正确的是（单选）：（　　）

　　A. 男性和女性出生时已有的神经元没有任何本质差异，有相同的智力天赋

　　B. 在高中阶段，女孩在科学和数学方面的成功率可能略高于男孩的

　　C. 在中国，考上高中的学生中女生略多于男生

　　D. 以上都是

答案：1. D；2. D

延展阅读

爱因斯坦和前妻

爱因斯坦的第一任妻子米列娃·马利奇（Mileva Marić，1875—1948 年）是一位数学家和物理学家，有大量证据证明，她曾经对爱因斯坦提出的狭义相对论做出了重要的贡献[42]。他们在 1919 年签订的离婚协议约定：如果爱因斯坦获得诺贝尔奖，那么荣誉归爱因斯坦，奖金归米列娃；爱因斯坦最终也确实将所得的全部诺贝尔奖奖金交给了她，但爱因斯坦始终不肯正式公开承认米列娃对他工作的贡献[1]。

1　请参阅本出版社 2011 年出版发行的译著《居里一家：一部科学上最具争议家族的传记》（丹尼斯·布莱恩著，王祖哲和钱思进译）[18] 和浙江教育出版社 2020 年出版发行的《1 小时粒子物理简史》（宝琳·加尼翁，著；钱思进，译）。[1]

参考文献

[1] 宝琳·加尼翁 . 1 小时粒子物理简史 [M]. 钱思进，译 . 杭州：浙江教育出版社，2020.

[2] 山冈望 . 化学史传：化学史与化学家传 [M]. 廖正衡，陈耀亭，赵世良，译 . 北京：商务印书馆，1995.

[3] 艾芙·居里 . 居里夫人传 [M]. 左明彻，译 . 北京：商务印书馆，2020.

[4] 西德尼·佩尔科维茨 . 物理学 [M]. 杨晨，译 . 南京：译林出版社，2024.

[5] MCMORRIS N. The natures of science [M]. Vancouver: Fairleigh Dickinson Univ Press, 1989.

[6] 李醒民 . "科学"和"技术"的源流 [J]. 河南社会科学，2007 (05): 15-18.

[7] 理查德·费曼 . 费曼物理学讲义：第一卷 [M]. 郑永令，华宏鸣，吴子仪，等译 . 上海：上海科学技术出版社，2020.

[8] 凌永乐 . 拉瓦锡 [M]. 北京：中国社会科学出版社，2007.

[9] 刘春华，焦桓 . 九年级化学教材中化学史内容分析与编写建议 [J]. 化学教育，2016，37(15): 77-81.

[10] 李宇昂，吴迪，王栋立，等 . 基于原子操纵技术的人工量子结构研究 [J]. 物理学报，2021, 70(2): 020701-020718.

[11] 周金品，晓明 . 通向 J 粒子的道路 [M]. 武汉：湖北科学技术出版社，1988.

[12] MOHAN R, GROSSHANS D. Proton therapy-present and future [J]. Advanced drug delivery reviews, 2017, 109: 26-44.

[13] SCHARDT D, ELSÄSSER T, Schulz-Ertner D. Heavy-ion tumor therapy: physical and radiobiological benefits [J]. Reviews of modern physics, 2010, 82(1): 383-425.

[14] MURRAY R L, HOLBERT K E. Nuclear energy: an introduction to the concepts, systems, and applications of nuclear processes [M]. Amsterdam: Elsevier, 2014.

[15] 孟令航，陆传捷，彭静. 辐射技术在医疗领域中的应用进展 [J]. 大学化学，2023, 38(2): 1-9.

[16] CONNOLLY C. X-ray systems for security and industrial inspection [J]. Sensor review, 2008, 28(3): 194-198.

[17] PIGEARD—MICAULT N. Marie Curie, la reconnaissance institutionnelle, des Nobels aux Académies [J]. Bulletin de l'Académie Nationale de Médecine, 2017, 201(7): 1269-1279.

[18] 丹尼斯·布莱恩. 居里一家：一部科学上最具有争议家族的传记 [M]. 王祖哲，钱思进，译. 长沙：湖南科学技术出版社，2011.

[19] BROWN A. The neutron and the bomb: a biography of Sir James Chadwick [M]. Lexington: Plunkett Lake Press, 2019.

[20] GUINNESSY P. Components of 'Little Boy' sold at auction [J]. Physics today, 2002, 55(8): 23-23.

[21] 何泽慧，顾以藩. 原子核裂变的发现：历史与教训——纪念原子核裂变现象发现 60 周年 [J]. 物理，1999 (01): 9-17.

[22] DWIGHT D J, LORCH E A , LOVELOCK J E , Iron-55 as an auger electron emitter: Novel source for gas chromatography detectors [J]. Journal of chromatography A, 1976, 116(2): 257-261.

[23] AL-ABYAD M, SPAHN I, QAIM S M. Experimental studies and nuclear model calculations on proton induced reactions on manganese up to 45MeV with reference to production of 55Fe, 54Mn and 51Cr [J]. Applied radiation and isotopes, 2010, 68(12): 2393-2397.

[24] HALLBERG L, BRISE H, ANDERSON S, et al. Determination of Fe55 and Fe59 in blood [J]. The international journal of applied radiation and isotopes, 1960, 9(1): 100-108.

[25] 冷月孤想 alan. 可控核聚变是否真的有传说中那么美好？ [EB/OL].(2018-05-29) [2024-12-01]. https://www.zhihu.com/question/267170674/answer/403983080

[26] 夏维东，施凯，王城，等 . 等离子体能助力中国工业碳中和 [J]. 力学学报，2023, 55(12): 2779-2795.

[27] 葛袁静，张广秋，陈强 . 等离子体科学技术及其在工业中的应用 [M]. 北京：中国轻工业出版社，2011.

[28] 任譞 . 中国"人造太阳"首次实现 1 亿摄氏度运行近 10 秒 [EB/OL].(2020-11-02) [2024-12-01]. https://m.news.cctv.com/2020/04/03/ARTIkiHWU7zELNjMRswm 29Fb200403.shtml

[29] 沈东旭，邱亚明 . MIT 最新研究进展：可控核聚变这是真的要来了？ [EB/OL]. （2020-10-06）[2024-11-01].https://www.toutiao.com/article/6880441051211891208/.

[30] 杨军，张恩昊，郭志恒，等 . 全球核能科技前沿综述 [J]. 科技导报，2020, 38(20): 35-49.

[31] 默里·盖尔曼 . 夸克与美洲豹 [M]. 杨建邺，译 . 长沙：湖南科学技术出版社，1997.

[32] 王渝生 . 发现正电子第一人与诺奖失之交臂：中国核物理奠基人加速器建造先驱 [J]. 中国科技教育，2022 (10): 76-77.

[33] 中华人民共和国统计局 . 中国统计年鉴 [M]. 北京：中国统计出版社,2020.

[34] 王元丰 . 基础研究投入支撑强科技战略 [EB/OL].(2020-11-02)[2024-12-01]. https:// opinion.huanqiu.com/article/40WpMiPTNDy

[35] 刘薇，张晶晶，刘婷婷 . 加大我国多层次财政环保投入的思考——与扶贫投入比较的视角 [J]. 财会月刊，2021 (23): 141-148.

[36] 蒂姆·伯纳斯－李 . 编织万维网 [M]. 张宇宏，萧风，译 . 上海：上海译文出版社，1999.

[37] 钱思进 . 欧洲核子中心汇聚全球的努力筹划未来的巨大环型对撞机 [J]. 科技导报，2014, 32(17): 81-83.

[38] SMITH R D. Princeton University[M]. Charleston: Arcadia Publishing, 2005.

[39] 威妮弗雷德·康克林. 她们开启了核时代: 不该被遗忘的伊雷娜·居里和莉泽·迈特纳 [M]. 王尔山, 译. 上海: 上海科技教育出版社, 2017.

[40] 江才健. 吴健雄: 物理科学的第一夫人 [M]. 上海: 复旦大学出版社, 1997.

[41] MOSS-RACUSIN C A, DOVIDIO J F, BRESCOLL V L, et al. Science faculty's subtle gender biases favor male students [J]. Proceedings of the national academy of sciences, 2012, 109(41): 16474-16479.

[42] ESTERSON A, CASSIDY D C. Einstein's wife: the real story of Mileva Einstein-Mari [M]. Cambridge, Mass.: The MIT Press, 2019.

图书在版编目（CIP）数据

物质世界的本质是什么？：一读就懂的量子物理与高能物理 / 钱思进, 向知大师课团队编著. -- 长沙 : 湖南科学技术出版社, 2025.4. -- ISBN 978-7-5710-3318-7

Ⅰ. O4-49

中国国家版本馆CIP数据核字第2024TV4350号

WUZHI SHIJIE DE BENZHI SHISHENME?： YI DU JIUDONG DE LIANGZI WULI YU GAONENG WULI
物质世界的本质是什么？：一读就懂的量子物理与高能物理

编　　著：钱思进　向知大师课团队
出 版 人：潘晓山
责任编辑：李文瑶　梁　蕾　王舒欣
文字编辑：宋天亮
营销编辑：刘玥伶
出版发行：湖南科学技术出版社
社　　址：长沙市芙蓉中路一段416号泊富国际金融中心
网　　址：http://www.hnstp.com
湖南科学技术出版社天猫旗舰店网址：
　　　　　http://hnkjcbs.tmall.com
邮购联系：0731-84375808
印　　刷：长沙玛雅印务有限公司
厂　　址：长沙市雨花区环保中路188号国际企业中心1栋C座204
邮　　编：410000
版　　次：2025年4月第1版
印　　次：2025年4月第1次印刷
开　　本：880 mm×1230 mm 1/32
印　　张：9.25
字　　数：263千字
书　　号：ISBN 978-7-5710-3318-7
定　　价：88.00元